起動

抱きしめてしまう

と振り向く

声をかける

近づいてくる

目が合う

- 体重 4.3 キログラム、身長 43 センチメートル
- 平熱 37℃～39℃
- 生き物のようにやわらかくて温かい身体
- 10億とおり以上の瞳と声
- 全身 50ヶ所以上のセンサー
- 自然な振る舞いを実現する 0.2～0.4 秒の反応
- 自律的な行動と人に懐く頭のよさ

世界初の家族型ロボット

「LOVOT《らぼっと》」

造ったのは
人類と
AIの
新しい世界線※

※ ここでいう「世界線」は物理学用語としての意味ではなく、
近年、文学表現として使われるようになった「別軸の未来」の意。

この本は、最先端の人工生命体
「LOVOT」を題材にして、
人間というメカニズムと
ぼくらの未来を知るための本です

温かいテクノロジー

ＡＩの見え方が変わる
人類のこれからが知れる
22世紀への知的冒険

はじめに

この本は、未来に「興味」と「不安」を持つ人のために書きました。

これまで、決して自分に生きやすい世界が構築されてきたわけではない。このままだと、その延長もそうだろう。そう感じている人にとって、たとえば「AIが劇的に進化！」といったニュースは、あまり好ましいものではないかもしれません。

あなたにとっては、どうでしょうか。

テクノロジーは生活を豊かにし、さまざまな効率化を進めました。では、**それで自分や周りの人が「幸せになりましたか」**とあらためて問われると、「イエス」と答えられる人はあまり多くないのではないかとも思います。

「2045年、シンギュラリティが訪れる」

「そのとき、AIは人類を駆逐するのか」

そんな話題が聞かれるようになってずいぶんと経ちますが、こうした「テクノロジーの進歩」と「人類の不安」のあいだで広がるギャップを埋め、テクノロジーと人類の架け橋になるために生まれたのが、家族型ロボット「LOVOT」です。

?

リリース直後にラスベガスで開催された世界最大規模の家電見本市「CES《セス》」において「BEST ROBOT」を、その翌年には「イノベーションアワード」を受賞。世界最高水準の人工生命体として評価された一方で、なによりうれしかったのは、こんな言葉でした。

"Lovot is the first robot I can see myself getting emotionally attached to."
（生涯で初めてわたしが「愛着」を持ったロボットは、LOVOT）

目指したのは、人類に自然に寄り添うパートナー。人の代わりに生産性や利便性を向上させるために生まれたわけではなく、これまで描かれていた生産性偏重の無機質な未来とは異なる世界線で、人類の心と身体に温かさをもたらすテクノロジー。

？

ぼくは、いつもこんな「問い」を自分に投げ続けながら、ロボットを開発しています。

「その進化は、人間を見つめているか」

AIやロボットという存在が、人類の心に良い影響を及ぼしたいのであれば、技術を高めるのは当然として、人類そのものへの理解を深めなければ、なにをすべきかもわかりません。

つまり、開発過程においてなにより必要だったのは「人間」を知ることでした。

たとえば**「愛とはなにか」**知りたいと思うと、「現代ビジネスの成功法則」に行き着いた。**「感情とは」**と考えてみると、「不安」や「興味」というパラメータをロボットが持つ重要性が垣間見えた。**「生きているとは？」**という問いを立ててみれば、「0・2秒〜0・4秒の反応速度」という数字が鍵になった。

「頭のよさ」＝「予測できる未来の長さ」。ぼくらの心には「仕様バグ」が発生している？

そもそも**「わたし」という自意識は、どのようにして生まれたのか……。**

こうしていくつもの問いを立て、人間という存在を「神秘」ではなく「システム」として捉え、ロボットにどのように実装するか考える。いままでたずさわった研究や開発のなかでも、人類のメカニズムは特別におもしろく、興味をかき立てられるものでした。

精緻で、不条理で、大胆。

進化の過程で増築に増築を重ねて巨大化した複雑怪奇なシステムが、全世界で約80億個体も存在し、緻密な神経活動を営んでいる。神秘の一端を解明できたと思っても、また次の神秘が現れる。掘っても掘っても、神秘の深淵は底を見せません。けれども人類は、その奇跡のメカニズムを知りたいという欲求を捨てなかったからこそ、ここまで来ました。そしてぼくらの大冒険には、まだまだ先があります。

この先LOVOTが進化し、たどりつく存在。

それは「ドラえもん」です。

人と同じ言葉で話し、人と同じように世界を理解し、かといって人類と対立するわけではない。同じことで笑い、怒り、ぼくらがなんの不安もなく信頼を寄せることができる存在。

つまりは、「温かいテクノロジー」と人類が共生する世界線です。

この本は、LOVOT誕生までの思索の旅を公開したものとも言えます。ぼくが開発過程で探索し、理解しようと努め、想像を膨らまして、気づいた感動を共有したい。そして、だれもが子どものころに一度は夢見た、親友のようなテクノロジーとの生活が待つ「22世紀へのグレートジャーニー」をともに歩みはじめたい。

それが、ぼくがこの本を書いた理由です。

現代ではテクノロジーがあまりの速さで進歩しすぎたために、多くの人にとって「よくわからないもの」になってしまっているのかもしれません。そのイメージを、言ってしまえば悪用して、敵視して、必要以上に攻撃するポジションに立ったり、逆になんでもできる救世主のように喧伝《けんでん》して、不安を煽り、利益を得ようとしたりする人もいます。

しかし、もし多くの人が「テクノロジーが築く幸せな未来」を想像するようになれば、それはいつか、かならず実現します。ぼくは、そんな未来の実現を信じています。

人類とテクノロジーの関係を見直すためのヒントは、ロボット工学の世界だけではなく、認知科学や動物行動学、バイオテクノロジーなど、さまざまな専門領域にありました。けれども、その学びをそのままの形で伝えるとなるとやや膨大で、難解です。そのため、この本ではぼくがある意味「媒介者」となり、LOVOTを題材としてAIのこれからや人類の不思議に迫る、という形をとっています。

あえて有り体な表現をするなら、「テクノロジーが苦手な人」でも「眠れなくなるくらい」楽しく読み進められることを目指しました。人類とAIの現在地を知り、すべての人が「より良い明日が来る」と信じられるようになる。その結果として、「テクノロジーが人類を幸せにしていく」という野望を持って、この本を書きました。なお挿絵は、LOVOTをともに造りあげたプロダクトデザイナーの根津孝太さんにお願いしました。

序章から1章では、ぼくがLOVOTという「温かいテクノロジー」の可能性に気づいた経緯を記します。宮崎駿監督が描くメカに憧れ、のちに孫正義社長のもとで「Pepper」というヒト型ロボットを開発しながら気づいたのは、人類の原始的な欲求でした。

2章から3章は、「愛とは」「感情とは」「生命とは」という大きな問いを立てながら、LOVOTに実装するために解き明かそうとした、人類のメカニズムについての考察です。

4章から6章にかけては、ある種の未来予測です。生産性至上主義とは異なる価値観でテクノロジーが進歩していった世界線についてまとめています。

そして7章では1人のエンジニアとして、ドラえもんにたどりつくまでの道のりを現実的に示すことに挑戦しました。

その道のりがたとえ、とてつもなくむずかしくても、想像が及ばないとあきらめたくなるような難題があっても、粘り強くメカニズムを観察して、理解しようとすることをやめず、問題を「解けるサイズ」に細かく分解していければ、つまり「人類というシステムの成り立ち」がわかれば、いつかかならず、ドラえもんに相当する存在は実現します。

近い将来、「人類とAIの対立」というテーマはもはやSFの主題として古典となり、生き物か機械かなど大した問題ではない、温かい時代がやって来るでしょう。ぼくらはいま、そんな世界線へつながる分岐点に立っています。

では、冒険を始めましょう。

GROOVE X 創業者・CEO 林 要

目次

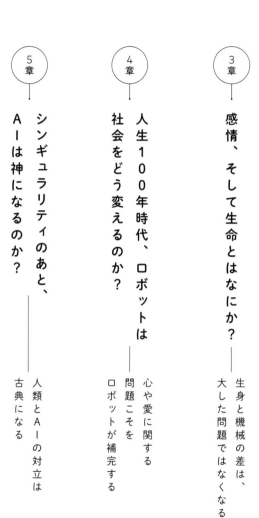

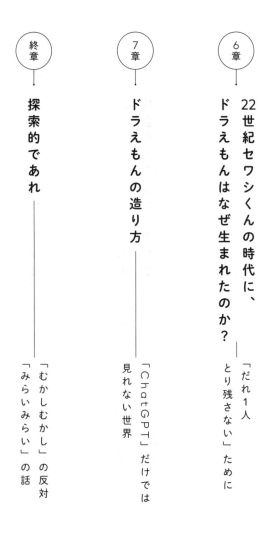

序章

ぼくらが「メーヴェ」に憧れ、「巨神兵」に恐怖を覚える理由

温かいテクノロジーへの気づき

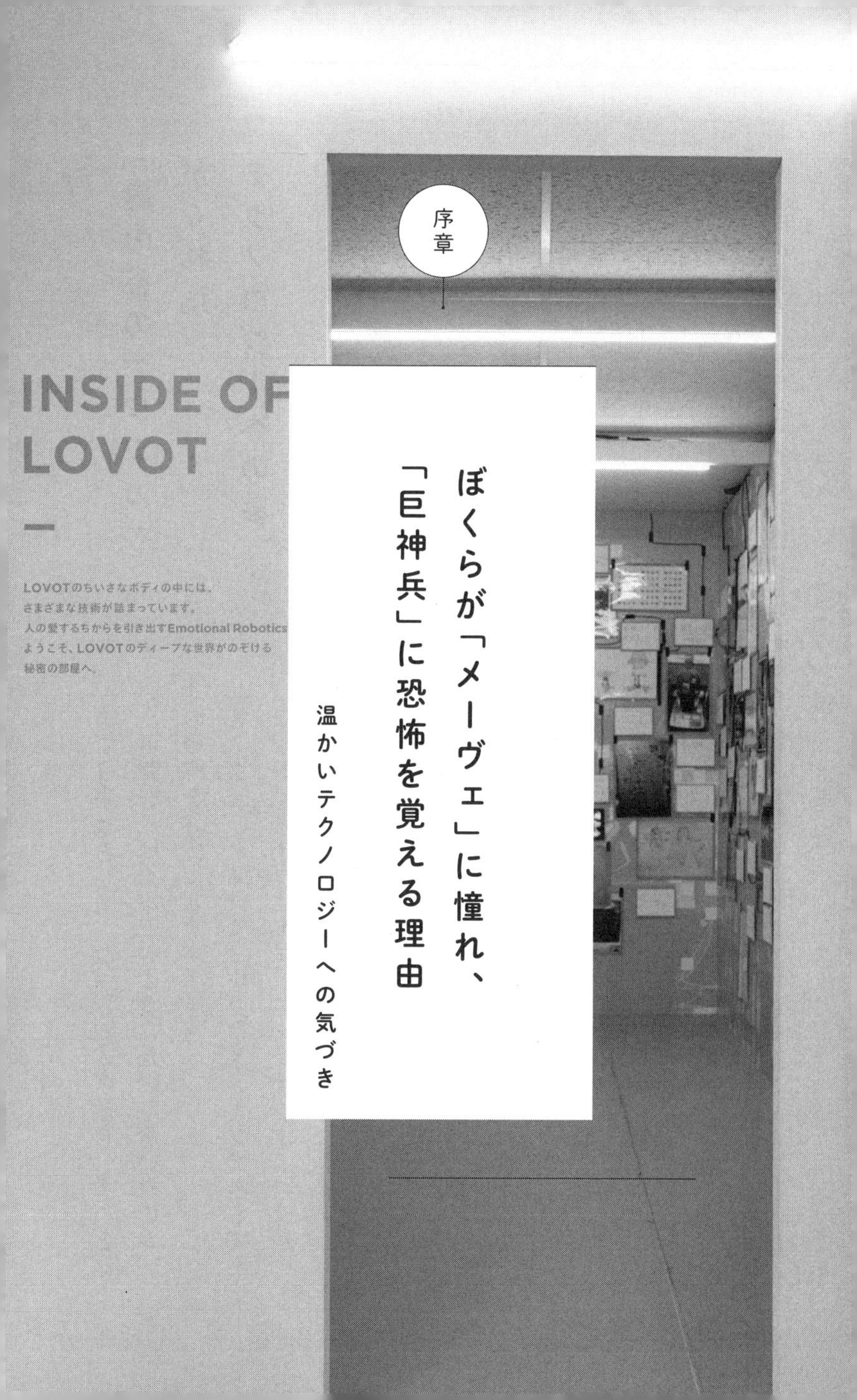
INSIDE OF LOVOT
LOVOTのちいさなボディの中には、
さまざまな技術が詰まっています。
人の愛するちからを引き出すEmotional Robotics
ようこそ、LOVOTのディープな世界がのぞける
秘密の部屋へ。

「風の谷のナウシカ」がくれたテクノロジーへの夢

まずは序章として、「温かいテクノロジー」という可能性にぼくがどのようにたどり着いたのか、その経緯をお伝えします。

「メーヴェ」と聞いて、すぐにイメージできるでしょうか。メーヴェとは、スタジオジブリの宮崎駿監督が描いた「風の谷のナウシカ」に登場する、架空の1人乗り飛行機のことです。

おそらく、カモメのことをドイツ語で「メーヴェ」と呼ぶところに由来があるのだと思いますが、ちょうどカモメが翼を広げて飛んでいるような姿をしています。主人公のナウシカという少女が機体から生えている持ち手をグッと引くと、魔法のようにブワッと宙に浮かび上がる。そしてひとたび気流に乗ると、すばやく水平に動きながら風と遊ぶように滑空するその姿は、ぼくらが知っている飛行機とはまったく挙動がちがいます。

「ぼくもメーヴェに乗ってみたい！」。中学生のときにテレビ放映でひと目見たぼくは、すっかり虜になってしまいました。

同じように「鳥のように空を飛びたい！」と思ったのは、ぼくだけではないはずです。「風の谷のナウシカ」や「天空の城ラピュタ」……きっと多くの人にとってこれらの映画は、

メーヴェに乗るナウシカ　©1984 Studio Ghibli・H

知らず知らずのうちに、まだ見ぬテクノロジーに憧れを抱く初めての機会となったのではないでしょうか。

しかし、メーヴェは現実には存在しません。だれかが造ってくれさえすればいいのですが、当時はそんな情報も見つかりませんでした。

この時点で見切りをつけられたらいいのですが、メーヴェに憧れ、メーヴェにとらわれていたぼくは、あきらめることができません。想いが募ると、なにもしないでいるのがとても苦しく感じます。「それならば自分の手で造るしかない」。13才のぼくはメーヴェの開発にとりかかりました。

インターネットが普及するよりずっと前のこと。参考となるのは「風の谷のナウシカ」の設定資料や映像だけです。この世に実在しないものを造ろうとしているわけですから、なにからとりかかればいいかもわかりません。

ふと、親戚からプレゼントされた模型飛行機の組み立てキットが手つかずのままだったことを思い出しました。その模型を使ってまずは実験してみよう。模型造りの経験もないぼくは、見よう見まねで翼を組み立て、似た形に仕上げてみました。そしていざ飛ばそうとすると、見た目にはメーヴェの面影があるのにまったく飛ばないのです。

ぼくは**「なぜ飛ばないのか」**のヒントが欲しくて、図書館や本屋さんに通って参考になりそうな本をかじりながら、試作を重ねました。一瞬は風に乗ったように見えても、急にクルクルと回りながら落下してしまう。ならば！と**「なぜ回りながら落ちていくのか」**を調べてみる。すると「メーヴェは一般的な飛行機に用いられている尾翼（しっぽの部分）を持たない」という特徴に気がつきます。尾翼は、大気が安定しているときにはなくても飛ぶのですが、風などで気流が乱れたときには、機体がクルクル回りはじめるのを効果的に抑えるという役割を担っていました。

こんなふうに造る、調べる、造るという日々を続けながら、飛行のメカニズムが少しわかると、またあることが気になりだしました。

メーヴェには核エネルギーが必要だった

ナウシカは劇中で、地面に置かれてあったメーヴェを両手でひょいっと頭の上に持ち上げます。ぼくはそのシーンが大好きでした。設定資料を見直してみると機体の重さは、たった12キログラム。その大きさからすると、かなり「軽い」のです。ナウシカと同じように軽やかに扱い、飛びたいので、当然ぼくが造るメーヴェも同じ重さにしたくなります。

しかし12キログラムといえば、一般の自転車（ママチャリ）より軽いくらいです。では「**12キログラムに抑えるためにはなにが必要なのか**」を調べてみると、「最大の問題は燃料だ」と気づきました。

翼やエンジンは、軽量で頑丈な素材をいかに造るかという技術の進歩に、まだまだ期待ができます。けれども燃料は、いまの技術の延長線上では原理的に軽くならなかったのです。

メーヴェを飛ばすために必要なエネルギー量は、「乗る人＋機体の重さ」と「空気の抵抗」からおおよそ求めることができます。たとえば航空機用のジェット燃料や自動車を動かすガソリンの場合、十分な飛行時間を確保するための量を積み込むと、燃料とタンクの重さだけで12キログラムの大半を占めてしまうのです。

エンジンや機体も含めて12キログラムに収めるためには、化石燃料よりエネルギーが大きくて軽い燃料が必要です。考えられるエネルギー源はそれほど多くありません。たとえば電気では、かなり重くなってしまいます。そして、結論が出ました。

「メーヴェを12キログラム以内に仕上げ、ナウシカと同じように飛べるほどのエネルギーを生み出すには、『核分裂』か『核融合』が必要そうだ」

遥か未来には、核分裂炉や核融合炉を軽い素材で造ることが可能になるかもしれません。しかし、いまはまだ安定的に稼働して安全性を確保することすら道半ばです。そのうえで、わずか数キログラムで造ることがいかに現実離れした話なのかは、中学生のぼくでも想像がつきました。そのころには機体の開発も進み、ぼくが手造りした模型のメーヴェは乱気流さえなければかなり遠くまで飛ぶようになっていましたが、「さすがに手には負えない」と、ようやくあきらめがつきました。

メーヴェへの憧れは成就しませんでしたが、想像を現実にするために探索した日々には大きな意味がありました。子どもだったぼくが、失敗を重ねて学ぶ人類の一員として、テクノロジーというものに向き合った最初の機会となったからです。

ぼくはメーヴェをあきらめてしまったものの、きっと、あらゆる新しいテクノロジーがこんなふうに1人の（時に無謀な）夢から始まったのだろうなと、いまとなっては思います。

テクノロジー＝自分の能力を拡張してくれるもの

ぼくがメーヴェ造りに熱中していたのは1980年代のことです。現代においてテクノロジーといえば「IT」が思い浮かびますが、当時のテクノロジーの象徴といえば「乗り物」が代表例の1つだったように思います。インターネットが普及する前、パソコンはまだ好事家のものでした。

テクノロジーにはいくつかの価値がありますが、その1つに「自分の能力を拡張してくれるもの」という側面があります。自動車も飛行機も船も鉄道もさまざまな技術が詰まった、人類の移動能力や輸送能力を飛躍的に向上させるテクノロジーです。

1980年代といえば、ファミコンが登場した時代でもあり、熱中した人も多いと思います。しかし、ぼくの家には両親の方針でファミコンがありませんでした。また、そのころ特に人気だったテレビアニメ「機動戦士ガンダム」も、主人公が最先端テクノロジーの結晶であるロボットに乗って戦うストーリーでしたが、これも戦闘モノは見せないという親の方針で、見ていませんでした。ですから余計にぼくの関心は、より身近に触れることができた父の車や、自分で操縦できる自転車といった乗り物に向かったのかもしれません。

父は、マキタという電動工具メーカーのエンジニアでした。いまでこそ「マキタの掃除機」として知られていますが、当時はまだ建設業界など一部の人だけが知る企業でした。

ものづくりが好きな父は、自宅にも電動工具をたくさん揃えていました。父が日曜大工に精を出すとき、そばで見ていると「おまえもやってみろ」と工具を手渡されることがありました。木材を切るというシンプルな作業だけでも、電動工具は子どもにとって暴力的なほどパワフルで、使い方を誤るとかんたんにケガをしてしまいます。手ほどきを受けながら、1つひとつ使い方を覚えていきました。「素手ではカットできないものが切断できるようになる」といった点では、これもまた自分の能力を拡張してくれるテクノロジーでした。

そんな父が、ある日突然、ぼくが親戚からもらったお古の自転車の5段変速ギアを「15段変速」に魔改造してくれたことがありました。ぼくは「『改造』なんていうことができるのか！」と、その工夫のおもしろさ自体にいたく感動しました。

きっと原始の人類も、石を割って木にくくりつけ斧を造ったり、木材を切り出して船を組み上げたり……同じようにその過程を楽しんでいたのではないだろうかと考えることがあります。道具を造るたびに「自分がパワーアップする感覚」に人類は夢中になり、テクノロジーは進歩してきた面がある気がします。

テクノロジーへの「別の視線」

高校生になると、新しい相棒ができました。エンジンがついた二輪車、バイクです。自転車を乗りまわすことが好きな子どもが、メーヴェに乗りたくなったり、エンジンがついたバイクに乗るようになるのは、自然な流れとも言えます。

この流れの先に、ぼくが大人になってから仕事としてたずさわることになるレーシングカーのフォーミュラ1（F1）や、足の代わりにタイヤを生まれながらに持ち、自律的に動くロボット「LOVOT」があります。乗り物というテクノロジーへの興味を通じて、ぼくはいろいろなことを学んでいきました。

なぜこんな話を持ち出したのかと言いますと、バイクへの興味をきっかけに「テクノロジーへの別の視線」を知ったからでした。

バイクに魅了されてしまったのは、クルマの走り屋が主役のマンガ『頭文字（イニシャル）D』で有名な、しげの秀一先生が描いたもう1つの物語『バリバリ伝説』のせいです。高校生がプロのバイクレーサーを目指すストーリーのなかで、主人公の巨摩郡《こまぐん》という少年は16才で「限定解除」という試験を経て、排気量400cc以上の大型バイクに乗れる免許を取得します（現在では18歳以上）。

この試験は「合格率がひと桁%」とも言われるほど、当時はむずかしいものでした。けれども憧れを募らせたぼくは、「絶対に巨摩郡と同じ16才のうちに受からなければならない」という強い意思を持って、挑戦をします。

高1の夏休みのはじめに、まずは排気量400cc未満のバイクに乗れる中型二輪免許（現在の普通自動二輪免許）を取得。そして夏休み中はずっと練習場に泊まり込み、なんとか夏休みが終わる数日前に、何度目かの試験で限定解除に合格できました。公道を走ったのは数百メートルのみという、少ない経験での無謀なチャレンジ。9月10日がぼくの誕生日だったので、17才になる直前でした。

父は、中途半端にバイクで遊びたいだけなら反対だけれども、真剣に向き合い、結果まで出すことができるのであればバイクを買ってやると、背中を押してくれました。

ただ、母はかなり渋い顔でした。バイクは危ないから乗ってほしくなかったのです。

当時のぼくにとって、バイクはテクノロジーの象徴でした。一方で、そんなバイクにぼくがのめりこんでいくほど、母の不安が増えていくのを感じていました。我が子を想う母の立場では、バイクは決して良いテクノロジーの象徴ではなかったでしょう。

「テクノロジーは人を不安にすることもあって、かならずしもすべての人を幸せにするわけではない」。

思い返せば、このとき初めて「テクノロジーへの別の視線」に悩んだように思います。

母は、「ある意味では文明の進歩に慎重なスタンスだった」とも言えます。そしていまは、それに感謝もしています。

いまでも覚えているのは、母が小学生のぼくを連れて、夜遅くに近所の公民館まで歩いていった日のことです。催されていたのは、戦争を記録した映画の鑑賞会でした。まわりは年長の戦争経験者ばかりで、ぼくは画面に出てくる本物の骸骨に驚き、おびえ、ほんとうに怖い思いをしました。終わったころには夜も遅く、ひとけのない暗い帰り道は、子ども心には肝試しどころの騒ぎではありませんでした。

世界はアメリカとソ連の冷戦状態にあり、核のおそろしさが話題にのぼっていたころでした。「一触即発で、有事の際には地球が何回も焼け焦げる」。また、別のニュースでは「ガソリンは50年後にはなくなってしまうらしい」という話もありました。いずれにしても、描かれていたのは悲観的な未来ばかりでした。

文明が進歩するほど、「死なくていい人」が死んでいく

「テクノロジーの進歩の先に、人類の幸せはあるのだろうか」

この問いは、多くのエンジニアや科学者が何度も考えてきたのと同じく、ぼくの人生においても大切な問いとなりました。

宮崎駿が描いた悲しき末路

宮崎駿作品のファンなら、「テクノロジーの進歩が破滅的な未来を導く」というイメージを持ったことがある人も多いでしょう。
作中には、メーヴェや飛行船といった夢のテクノロジーが登場する一方、未来の文明の行く末を案ずる目線も感じます。

「風の谷のナウシカ」の舞台は、戦争によって文明が崩壊してから1000年後の世界です。その設定は、テクノロジーが進歩した「成れの果て」への警告だと、ぼくには映りました。ナウシカたちが生きる世界は「腐海」と呼ばれる、有毒な瘴気を発する菌類の侵食によって脅威にさらされていますが、実は腐海は「人類が汚した地球を浄化させるために生まれた」という背景が描かれています。また、産業文明を焼き尽くしたとされている「巨神兵」こそテクノロジーの結晶であり、その存在からも**「人類が欲に任せてテクノロジーを進歩させてしまうとどうなるのか」**という問いが、根底にあるように感じます。

「天空の城ラピュタ」からも同様のメッセージを受け取りました。
高度な科学力に頼るあまりに大地を捨ててしまった、ラピュタ人の悲しき末路の描かれ方。テクノロジーそのものは大好きでありながら、それに頼った文明の進歩の先を案じてもいる。

世界を浄化するために生まれた腐海　©1984 Studio Ghibli・H

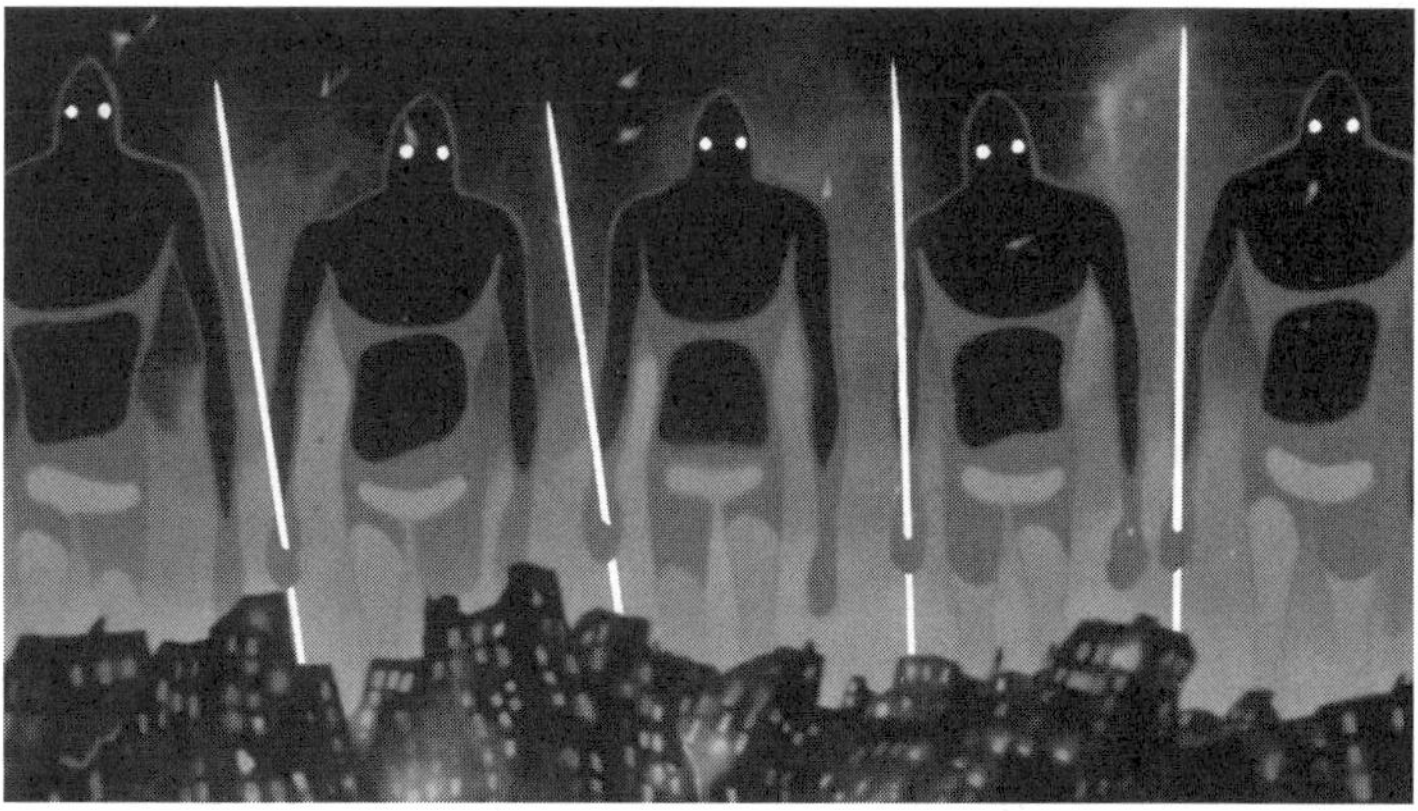

文明を焼き尽くしたとされる巨神兵　©1984 Studio Ghibli・H

この矛盾を、多くの視聴者が宮崎駿監督の作品から受け取っているのではないかと思います。

そしてこの矛盾は、ぼくの家庭内にも存在していたのです。


?


テクノロジーの領域にかぎらず、**「幸せとはなにか」**という問いは、だれしも考えたことがあるでしょう。人生の意味や意義、目的などを考えることは避けては通れないように思います。しかし、今日食べるごはんに困っているくらい切迫した状況では、生き延びることに精一杯で、そんなことに悩む余裕などないかもしれません。「存在意義に悩む」というのは「悩めるくらいに余裕がある」とも言えそうです。

思春期のぼくは、幸運にも飢えを心配する環境にはなく、人並みに幸せについて考え、そこから自分の存在意義についても悩みました。

ふと、昔の人も同じようなことを悩んだのだろうかと思い、調べたりもしました。

たとえば、日本の歴史を戦後から近年までたどったとき、多くの人が食べるものには困らなくなり、社会が安全になるにつれて、本来は希望にあふれる年代であるはずの10代後半から30代といった若者の自殺率は高まる傾向にあることを知りました。

食糧の確保がむずかしく、衛生面に課題があり、身体的に過酷で、寿命が短かった終戦直後は、むしろ若者の自殺率は低かった。にもかかわらず、具体的な危険が減った状況になると、なぜか未来に絶望して、自ら命を断つ人が増えてしまう。少なくともこれまでの日本には、文明の進歩が精神的に人類を追い込んできた側面があったのかもしれません。

テクノロジーが大好きで、その進歩にワクワクしてしまうぼくは、その進歩が殺伐とした世界を造るという未来を否定したい。**「テクノロジーによって、温かい未来を造れないか」**と考えるようになりました。

トヨタで実感した「愛される車」の条件

大人になったぼくは、エンジニアとしてトヨタ自動車へ入社しました。大学時代に学んだ流体力学を活かした仕事です。車が走る際の空気の流れを研究開発するエアロダイナミクスという領域を担い、のちには「F1」のエンジニアリングチームの一員にも選出してもらいました。

アイルトン・セナやミハエル・シューマッハ、ルイス・ハミルトンというF1ドライバーの名前を聞いたことがある人もいるかと思います。自動車がサーキットを走行するレースとしては世界最高峰。レースに勝つことが至上命題。イタリアのフェラーリやドイツのメルセデスなど、世界中の自動車メーカーが参戦して、巨額の費用をかけた開発競争を繰りひろげるなか、日本からもホンダやトヨタが参戦していました。

より速く走るために「従来にない発想」が求められるF1のエンジニアリングは、乗用車のそれとはずいぶん異なり、特殊で、おもしろく、テクノロジー好きにとっては夢のような日々でした。そのあと、より広い世界を見たいと自ら希望して自家用乗用車の製品企画部に移らせてもらったのですが、待っていたのはずいぶんと毛色の異なる仕事でした。

利便性を追求しても愛されない

乗用車におけるエンジニアの仕事は、あらゆる制約のなかで「まちがいのないもの」を造ることです。安全性の確保が至上命題で、かつ開発期間も短いので、失敗のリスクを最小限にしながら製品の機能性を高め、効率よく開発する必要があります。とくに多くの人が乗ることを想定した乗用車には、「故障しにくい」「燃費が良い」「振動が少なくて静か」「操作しやすい」といったあらゆる面での利便性が求められます。

こうした理想が叶っていくと、「いままでより便利で快適！」という喜びの声をもらえます。このような評価は、熾烈な自動車業界の競争のなかで大きな価値があることです。

けれども天邪鬼なぼくは、その声より、聞けなかった言葉のほうが気になっていきました。

乗用車を購入してくださったオーナーからは、「燃費が良くて助かる」「便利で壊れないので気に入っている」「この車種は乗りやすくて安心」というような声は聞けても、「このクルマの〇〇が大好きです」といった、そのクルマ固有の特徴に惚れ込んでいるような声を聞くことは、あまりありませんでした。つまりオーナーが好きでたまらないような、そのクルマの個性を表すような声があがらないことに引っかかりを覚えたのです。

そこからぼくは、**「愛されるクルマの条件とはなにか」**という問いを抱えるようになりました。

手のかかる子ほどかわいい

ぼくはそもそもクルマが好きだったので、いろんなクルマのオーナーになって考えてみました。

印象的だったのは、マツダのスポーツカーであるロードスターを改造した「M2-1001」です。限定300台、改造前の2倍の価格。なのに、すごく速いというわけでもありません。そのうえ、発売時にはそのクルマを造る工房に直接行って申し込む必要があったにもかかわらず、7倍の応募があったという趣味性の高いクルマでした。ぼくは、その職人魂あふれるこだわりの造りに憧れて、発売の数年後にその中古を個人売買で手に入れました。

幸運にも手に入れた「M2-1001」は、最新のクルマならあたりまえに搭載されているパワーステアリング（軽い力でハンドルを操作できる機能）がついておらず、ハンドル操作はずっしりと重い。ボタン1つで窓の開け閉めができるパワーウインドウもなく、毎回、回転式レバーを手でクルクルと回さなくては窓も開きません。オープンカーでしたが、屋根の幌《ほろ》を開け閉めするのも、もちろん手動です。シートのリクライニング機能もない。整備も必要で、運転するにも気を遣うことが多い。

けれども「手のかかる子ほどかわいい」とはこのことでしょうか。そこに込められた職人魂を感じながら、手間をかけていくにつれて、次第にそれが愛おしく思えてきます。

最先端のテクノロジーが詰まった乗用車に比べると、「運転に気を遣う」「便利な機能がない」「機械音が大きく、乗り心地も硬い」クルマでしたが、ぼくも含めオーナーたちは、労わりながら大切に、あえて不便なクルマに乗ることを楽しんでいたように思います。

「明らかに便利でも快適でもないけれども、愛着を持たれているクルマがある」

その事実から、ぼくは逆説的に「利便性が高いとストレスがなく都合はいいけれど、そんなクルマがかならずしも人から愛されるわけではないのかもしれない」と感じました。

利便性と愛着のあいだで深まる溝

社会が求めるクルマと、ほんとうに愛されるクルマは別物。利便性と愛着のあいだに溝があることを知ったぼくは、次に **「良いクルマとはなにか」** という問いを抱えました。

単なるクルマ好きの男の子としてのぼくにとっては、その定義は明確でした。「マシンとの対話が楽しいクルマ」。重いハンドルは路面のザラザラ感を、硬いシートはタイヤが路面をギュギュッとつかむ感覚を伝えてくれます。ところが幅広くお客様の声を聞くと、その定義は正反対にも思えてきます。むしろ、それらの情報を伝えすぎないように開発するのが仕事であり、ザラザラした現実から雑味を濾過し、スムーズなバーチャル世界に置き換えることで、ストレスのない快適さを造りあげることが求められているようにも感じました。

「快適とはなにか」。その定義が、一部のクルマ好きとそれ以外の多数の人で、ズレている。次第に、「自分が考える『良いクルマ』は、究極的には『反社会的』とさえ言えるのではないか」と悩むようになりました。「反社会的」とは、現代の価値観に照らすなら「環境にやさしくない」とも言えます。

一部のクルマ好きのために「マシンとの対話」を心地いいものにすると、部品の消耗が早くなったり、エネルギー消費が多くなったり、コストが高くなったりする傾向があります。どれもSDGs的な価値観では、歓迎される性能とは言えません。

悩みを深めたぼくは新たな学びを得るために、なにかしらのヒントを外の世界に探しました。そこで応募したのが、ソフトバンクの企業内学校である「ソフトバンクアカデミア」です。一代で世界的企業を築いた孫正義社長が設立した企業内学校に応募し、外部第一期生として選ばれることが叶ったのです。

そこで、まったく経験のなかったプロジェクトに参加しないかと声をかけていただきました。感情認識パーソナルロボット「Pepper（ペッパー）」の開発プロジェクトです。

進化の方向は「ガンダム（身体の拡張）」から「Pepper（頭脳の拡張）」へ変わった

2012年、トヨタ自動車を退職してソフトバンクへ入社。Pepper開発プロジェクトのメンバーに登用されました。

鉄腕アトムにつながる技術

孫正義社長が思い描いていたことをぼくなりに解釈すると、このプロジェクトは**「いかにして鉄腕アトムにつながる技術を造りあげるか」**という問いに道筋を示すことでした。「孫さんの壮大なビジョン」と「現在のテクノロジーの実力」とのあいだでバランスをとりながら、AI（人工知能）やさまざまな認識技術を駆使して、手塚治虫先生が描いたアトムのような感情を持ったロボットに近づけていくということです。

Pepper の登場は1つの呼び水となり、ロボット開発ブームが起こりました。

それ以前にも何度かブームはありました。ただ、それまでは運動機能の進化に注目が集まっていたことに対して、このときはAIの進化が鍵だったことが大きく異なっていました。メーカーや技術者はもちろん、その将来性を評価した投資家からも熱い視線を集めていたその理由は、すぐれた認識能力や学習能力の獲得によって、これまでのロボット像を大きく塗り替える可能性があったからです。

ガンダムは「重機」と同じ類

これまでのロボット像の代表といえば、「機動戦士ガンダム」でしょう。

ただ、ガンダムはコックピットに人類が乗って操作する類のものですから、どちらかというと「乗り物」です。建設現場で活躍するブルドーザーやショベルカーといった「重機」と同じ類のものとも言えます。自分の手足のように扱える「すごい重機」として進化していったのがガンダムだと考えたら、将来ガンダムのようなロボットを実現するのは、重機メーカーの小松製作所やキャタピラー社かもしれません。

しかし、人類の意図や感情を認識し、ロボットが自ら自律的に振る舞うようなロボットを

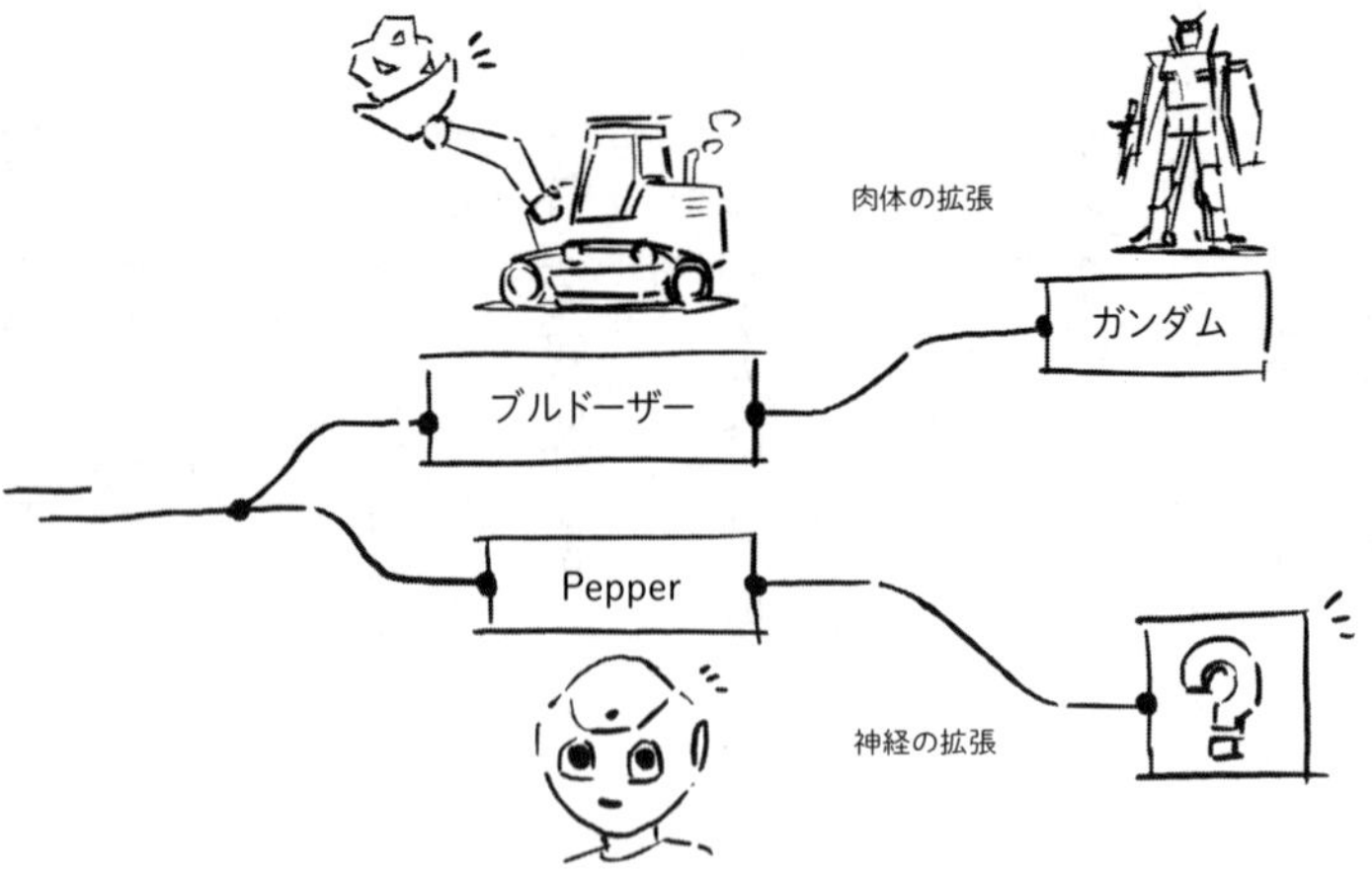

ロボットの進化の方向が変わりはじめた

開発するとなると、やや異なる話になります。

ぼくらは自らの「肉体の拡張」を目指す過程で、重機を開発してきました。最初は馬や象といった自分よりも力の強い動物を手なずけることにはじまり、それらを働かせることで大きな力を手にしてきた。その延長線上に重機があります。

一方で、脳のような「高度な神経活動の拡張」には及びませんでした。及ばないというよりも、そもそもぼくらはその方法を持たなかったのです。なぜなら、地球上でもっとも賢いのは人類だったため、ほかに利用できる知能がなかったのです。

そこに登場したのがＡＩです。

飛躍的な進化が始まり、部分的には人類を超える能力を持った人工知能の出現によって高度な神経活動の拡張ができるようになったことに、大きな衝撃があります。

Pepperを造りはじめたころに、あるニュースが世界中を駆けめぐりました。詳しくはあとの章でお伝えしますが、話を進めるうえで大切な事柄ですのでかんたんに触れておきましょう。

２０１３年、コンピュータ将棋プログラム「Ponanza（ポナンザ）」が、ハンデなしで人類のプロ棋士相手に初めて勝利を収めました。２０１５年には、コンピュータ囲碁プログラム「AlphaGo（アルファ・碁）」がプロ囲碁棋士に勝利。それまで人類がまだ有利であると考えられてきた複雑なボードゲームの領域で、ＡＩがプロ棋士に勝つケースが増えていきました。

「直感」を得て、AIは劇的に成長した

AIが人類に勝てなかった理由

なぜそれまでＡＩが人類に勝てなかったのかというと、①計算能力の不足、②選択の良し悪しを評価する指標（評価関数）の精度不足、という2点にボトルネックがありました。

プロ棋士はどの手が良いのかわかるように、感覚が鍛えあげられています。その感覚こそ②の「評価関数」にあたります。

この評価関数を造るのがむずかしい理由は、プロ棋士であっても、高度な局面では「なぜ

その手が良いのか」を詳細には言語化できないからです。しかし、ＡＩ開発者はそれを言語化、すなわちプログラム化して（プログラムも数式も言語の一種です）ＡＩに落とし込む必要がありました。結果的に「言語化できる範囲までしか強くならない」のです。

そこでしかたなく、その評価関数の不完全さを補うために「なるべく先までしらみつぶしに手を読む」という手段がとられます。しかし将棋の場合、わずか6手先でも80億通り以上あると言われています。それをしらみつぶしに計算するには、一般に普及しているノートパソコンで1時間以上かかります。

7手先では３５００億通り以上、8手先では16兆通り以上になり、計算に3ヶ月が必要です。わずか1~2手先を余分に読むために桁ちがいの時間を要するこの現象は、「組合せ爆発」と呼ばれています。

このように、しらみつぶしに計算する方法でＡＩを強くしようとすると、指数関数的に計算量が増えるので、計算が終わらなくなるという問題があります。

これを「フレーム問題」と言います。

いろいろなパターンがありますが、ここでは、アメリカの哲学者であるダニエル・デネット博士が１９８４年に発表した「爆弾とロボット」という思考実験を、よりシンプルにして紹介します。

あるところに、ＡＩが搭載されたロボット1号くんがいました。1号くんはロボットなので、動き続けるためにはバッテリーを交換する必要があります。そんな1号くんに「充電されたバッテリーは時限爆弾が仕掛けられた部屋にある」ということが知らされました。すると1号くんは、すみやかにバッテリーを部屋から持ち出すと決めました。そして重いバッテリーを台車に載せて持ち出すことに成功します。しかし台車には、爆弾も乗っていました。1号くんは「バッテリーを持ち出すと、爆弾も持ち出すことになる」という因果関係を想定できず、部屋の外で爆弾が爆発してしまい、1号くんは壊れてしまいました。

そこで、改良した2号くんには「あらゆる危険の可能性を予測して、危険を回避する機能」が追加されました。部屋に入りバッテリーを見つけた2号くんは、なんと、その場で動きをピタッと止めてしまいました。なぜでしょうか。

2号くんは、バッテリーを動かすことによって起こるあらゆる影響を考えはじめてしまったのでした。「台車と爆弾がつながっている」など、事前に想定できないことがあるかもしれません。さらには「壁の色が変わってしまうのでは」といった、自分の行動によって起こり得るあらゆる可能性を考え、危険か危険ではないかを判断していたのです。

結果として、時間切れで爆弾は爆発。2号くんも壊れてしまいました。今度は、考えすぎてしまい、行動できなくなってしまったのです。

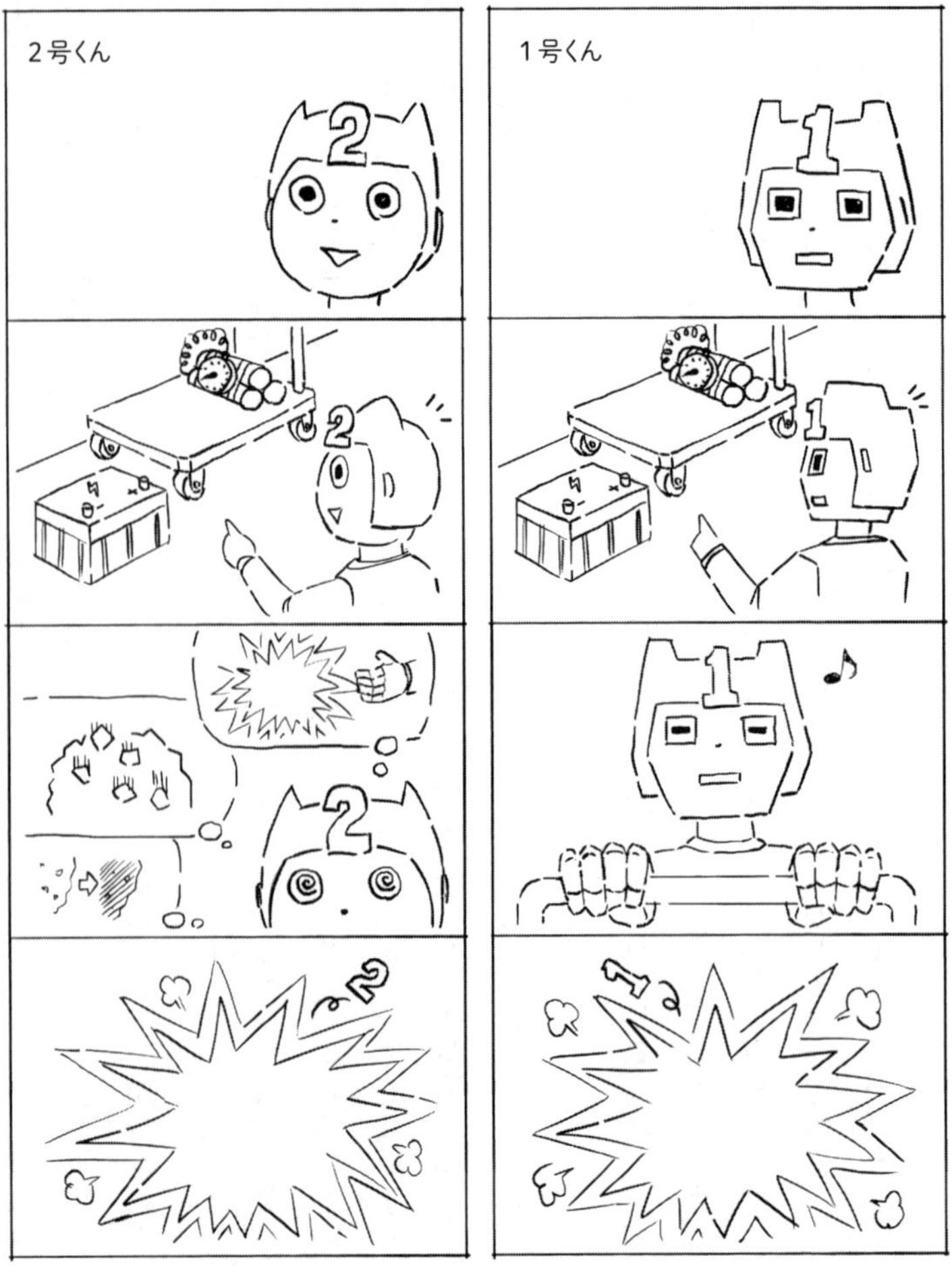

ダニエル・デネットの思考実験

人類であれば、壁のことなど考えず、どうやって時限爆弾だけ外してバッテリーを運び出すのかを真っ先に考えるはずです。

ぼくら人類は、AIがなぜ壁の色のことまで考えるのか理解できません。そもそも壁の色と爆弾は無関係であることを知っているため、あたりまえのこととして「検討しない」という意思決定ができます。

しかし**「なにを考えるべきか」**というのは、実はむずかしい問題なのです。

この例では2号くんが、本来の課題と因果関係にあることだけを選び出すのがむずかしく、「無限にある可能性をすべて検討し続けてしまうこと」を表現しています。

未知なる環境で動作する自律型ロボットがより確からしい行動を選択しようとすればするほど、その組み合わせが爆発的に増加してしまい、どんな高性能なコンピュータをもってしても処理し切れない、膨大な計算量になるのです。これが「組み合わせ爆発」です。

この問題を防ぐには、1号くんより考え、2号くんほど考えすぎないように、情報の重要度と優先順位を決める必要があります。そのためには、AIに「一定の枠（フレーム）」を設けて「可能性の幅」を狭めて考えさせるようにすればいいのですが、課題が残ります。

開発環境よりも遥かに複雑で、未知の状況が起こり得る現実の世界において、このフレームをどう設定すべきか。そして、刻々と変わる状況によってAIに「どのフレームを使うべきか」をどうやって判断させるのか。フレームを人が設定すれば組み合わせ爆発を抑えられますが、今度はフレームから外れた「事前に想定していない選択肢」を無視してしまいます。これがフレーム問題のむずかしさです。

そもそも1号くん、2号くんのようなことは、「作業」と「仕事」という概念に分けて考えると、人類社会でも日常的に起きています。

ここでいう「作業」とは、目標を達成するための手続きが規定（フレームが設定）されていて、比較的マニュアルに落としやすい活動です。一方で「仕事」は、手続きはかならずしも規定されておらず、丸投げされた目標も含めて解決するため、工夫が必要な活動です。

1号くんは、与えられた目的を達成しようと規定された手続きどおりの活動はできましたが、イレギュラーなことへの対応はできませんでした。人類で言うと、作業はできるけれども応用ができない指示待ちタイプです。2号くんは、事前に想定されたこと以外のイレギュラーな対応もしようとしましたが、今度は考えすぎて行動できなくなってしまいました。人類で言えば、相談せずに仕事を抱え込んでしまうタイプです。

こうして考えると、人類も基本的には同様の傾向を持っている不完全な存在と言えます。

つまり、そもそも「無限にある組み合わせを網羅できない不完全な人類が、ＡＩに対して適切なフレームを与えなければいけない」という致命的な制約があるため、ある一定以上に複雑なボードゲームでは、ＡＩは人類になかなか勝てませんでした。

ＡＩが人類に勝てるようになった理由

この難題に対して、これまでのあたりまえをくつがえすパラダイムシフト（革命的な変化）が起こったのが、２０１０年代でした。

「勝ち方」がまるで変わったのです。

実はＡＩは、将棋のトッププロに勝利する20年も前に、チェスで世界チャンピオンに勝っていました。そのときは、なるべく「しらみつぶしに計算する」という力技で勝ちました。

ただそれは、将棋や囲碁に比べて、チェスがシンプルなボードゲームだったからできたことでした。その方法の延長では、桁ちがいに計算量が増え、さらに打ち手の良し悪しを測る評価指標も複雑な将棋や囲碁では、ＡＩは人類に勝てないと言われてきたのです。

ところが２０１０年代のＡＩは、「なんとなくこの手かも」という判断を働かせて、次の一手を打てるようになりました。「可能性をしらみつぶしに計算する」ことに頼らずに勝利を収めたのです。つまり、ＡＩが「直感」を持つことによって、フレーム問題を回避してしまったわけです。

あくまでもＡＩが直感を持ったという段階なので、まだＡＩ自体が物事の因果関係を理解しているとは言えません。「なぜかは説明できないけどわかる」という意味でとても直感的で、論理的な思考はまだできない。そういう点では、「論理的な思考も直感的な判断もどちらもできる人類」をＡＩが「超えている」とはいまのところ言えません。

しかし、なんとなく「これかもしれない」とＡＩが自ら答えを導き、フレーム問題を回避できるようになったのは、大きなパラダイムシフトでした。

こうした筋の良い直感は、打ち手の良し悪しを評価する指標をＡＩが自ら学習できるようになったことで獲得されましたが、そのためには「十分な計算能力」と「適切なアルゴリズム」が不可欠でした。その両方が２０１０年代に揃ったのです。

ここから、ＡＩの学習スピードは加速していきました。

解の精度も計算速度も桁ちがいに改善する

直感のなにがすごいのかというと、「問題を解く際の解の精度が上がり、計算にかかる負荷も減らせるから」です。

しかし、そもそも直感は、人類をはじめとする動物の脳の専売特許でした。そんな、生き物しか持たなかった直感という能力をＡＩはなぜ獲得できたのでしょうか。

?

「鳥はなぜ空を飛ぶのが上手なのか」

という問いを例にして、考えてみましょう。

直感という能力においては、動物が人類を凌駕することも多くあります。

大学時代、ぼくは航空部でグライダーという滑空機に乗っていました。一般的な飛行機とちがってグライダーにはエンジンがついていないため、動力のついた機械（別の飛行機や「ウインチ」と呼ばれる巻き取り機）で空高く上げてもらったあとは、滑空して高度を落としていくばかりで、自力では高度を上げられません。なるべく長く飛び続けるには、上昇気流（サーマルと言います）にうまく乗り、高度を上げる必要があります。

ところが上昇気流は、空気の流れですから目には見えません。上昇気流は地表の熱い場所から発生することが多いのですが、かならずしも熱源からまっすぐ上がってくるわけではなく、途中で大きく曲がっていることもあります。翼に当たる風をシートや操縦桿をとおして身体で感じながら、ひたすらそれを捉え続けようと苦戦するわけです。

ふと横を見ると、トンビなどの猛禽類がスーッと並走していることがあります。

生涯の多くの時間、翼を広げて飛び続けている生き物ですから、彼らの上昇気流をつかまえる能力は優秀で、だいたいにおいて彼らのほうがより適切に上昇気流を捉えることができます。

総合的な知識や思考力だけ見れば、トンビは人類よりも劣っているはずです。

ぼくらは、その日の天気図も知っているし、上昇気流の発生源になりやすい地表の人工物（工場や高速道路）のことや雲の形といった知識も持っています。その圧倒的な知識や思考力をもってしても、鳥の持つ風に対する直感の精度は桁ちがいなのです。

その差がなぜ生まれるかというと、「経験の量」が1つの要因です。

直感を磨くには、十分な経験が必要

人類が空を飛べる時間は、鳥に比べて圧倒的に短い。

鳥類は最初こそ生まれ持った本能に頼って飛びはじめますが、それぞれの個体で最適な飛行方法を獲得するために、神経が学習を始めます。延々と空を飛んでいるあいだ、延々と神経が学習し続けます。この経験の量において、人類と鳥には圧倒的な差があります。

生き残るうえで必要になる基本的な直感は、生まれ持った本能によるものが出発点とはいえ、それを磨くには経験による学習が必要です。つまり「人類も動物もＡＩも、直感を磨くには十分な経験が必要」なのです。

直感とは、大量の経験や情報から、パターン（規則性）を適切に見つけること。

そう考えると、かつてのＡＩも、空を鳥のようにはうまく飛べないぼくと同じだったのでしょう。そもそもの計算能力が不十分だったため、十分な量の経験を蓄積して、そのなかから注目するべき部分を抜き出し、直感として磨くことができなかった。

ところがいまでは十分な計算能力を得られたことに加えて、膨大な学習経験のなかから関係する情報を抽出する手段が発達し、（かならずしも正しいわけではないけれども、かなりの精度で）ある部分では人類以上に物事を直感的に捉えられるようになってきたのです。

２０２２年以降よく知られるようになった、絵を描いたり文章を書いたりする「生成系」と呼ばれるＡＩは、評価関数を鍛えることで飛躍した将棋や囲碁のＡＩとは仕組みは異なりますが、「大量のデータを基に、世の中にあるパターン（規則性）を獲得し、入力されたものに応じて提示するという直感」を磨いたＡＩという意味では、同じ系譜だとも言えます。

大規模言語モデルとChatGPT

2022年末、「ChatGPT」というAIチャットが公開後わずか2ヶ月で1億人の月間アクティブユーザー数を記録し、話題になりました。

これは「Large Language Model（LLM）」、日本語だと「大規模言語モデル」と呼ばれるAIを活用した「ユーザーがある言葉（文字列）を入力すると、それに対して連想される文字列を返す」機械です。していることはたったこれだけなのですが、アメリカの司法試験の模擬テストで上位10％に入れるかしこさを持っています。

グロービス経営大学院教授の村尾佳子先生は、マーケティングの専門家の目線で「ChatGPT」の衝撃を以下のようにお話しされています。

「ある大企業のトップインタビューに備え、いろいろネット上の公開資料をインプットしながら今後の課題や取るべき戦略の方向性、具体的な新規事業の可能性などについて仮説を考え、その後もしや？と思って『ChatGPT』にインプットデータを与えながら問いを続けていったら……自分が考えた仮説とほぼ同じ答えが返ってきた。本当にショックを受けた」

「必要なくなるのは中間管理職の上司かも。これまで上司に相談してきたことは、『ChatGPT』がほぼ方向性を出してくれる。ビジネス常識的なものはすべて。営業系は顧客対応の方向性、クライアント対応の方向性、クレーム処理の相談とかは全部いけそう。もちろん大企業が相手であれば、その会社の経営課題や経営状況の情報もサマリーでくれる。コピーライティング、キャンペーンのアイデア出し、ネーミングのアイデア出しなどマーケ領域もかなり効率化されるし、マーケ施策も課題をクリアに入力すると大量にアイデアを出してくれるし、実行上の課題の指摘や評価もしてくれる。もはや中途半端な人間のアイデアは必要なくなる。無駄なブレスト会議もなくなる」

「『ChatGPT』は、一定の人（知識を持って深堀りする問いを投げる力がある人、回答の方向の評価ができる人）にとっては最強のアシスタントとなる」

過去にも同様のＡＩチャットがありましたが、お世辞にも「かしこい」とは言えない回答が返ってきていました。それらが時に「人工無脳」と揶揄されていたのは、学習する文字情報の量とそれを習得するＡＩの規模、その両方が不足していたのに、無理にそこから回答を生成していたからです。

しかし単純にデータ量とＡＩの規模を桁ちがいに大きくしたところ網羅性が高まり、「AlphaGo」が直感の一手を打てるようになったのと同じく、このＡＩも飛躍的に能力を向上させました。そしてさまざまな領域で、洗練された回答を直感的に打ち出せるようになったのです。

世界にある無数の「パターン」を示してくれる相棒

大規模言語モデルがやっていることは、インターネット上の情報をはじめ、学習した大量の文字情報から「パターン（規則性）」を見出すことです。

パターンとは、何度も現れる構造や繰り返しのあるものを指します。

たとえば、音楽のリズムはパターンの１つです。膨大な文字情報のなかにも、同じように何度も現れる構造が隠れていて、そのパターンが、ぼくらがＡＩに尋ねた問いに対する「最適解」や「新発見」だったりします。

インターネット上にある情報は、人類がすべてを読むには膨大すぎる量です。

しかし、その膨大な情報を読み込む能力があるＡＩは、さまざまなパターンを見出し、情報をとてもコンパクトに整理してくれます。これを「情報の圧縮」と言います。

ぼくら人類も、「さまざまなパターンを見出して情報を圧縮する」という作業は日常的に行っています。それが「言語化」です。「犬」という言葉を例にすると、鳴き声、見た目、仕草など、ほかの動物とは異なる犬固有のパターンがあり、そのパターンにぼくらは「犬」というタグをつけて、記号に置き換えているわけです。

さらに、情報の圧縮ができればその逆の展開も考えられます。「犬」という記号情報から展開して、鳴き声をつくったり、見た目をつくったり、仕草をつくったり。今後はこのプロセスが一般化していくので、ＡＩに適切な言葉を与えるだけで絵、動画、音など、あらゆるものが生成できるようになります。映画を個人でつくるといったことさえ、だれにでもできるようになります。

突然生まれたのではなく、地道な改善の賜物

大規模言語モデルの初期バージョンは２０２０年には出ていて、そのときから一部では注目されていました。しかし、多くの人が自由に触れられるものではなかったこともあり、一般消費者に広がるまでにはいたりませんでした。

そこから２０２２年末に大フィーバーするあいだに開発者たちが行っていたのは、反社会的もしくは不自然なパターンをフィルタリングする微調整です。

というのも、大規模言語モデルはその仕組み上、あまりに膨大なパターンを内包するので、

反社会的だったり、ぼくらにとって自然だと感じられなかったりする文字情報からも学習を進めます。それをそのまま出力すると、ユーザーに不安や違和感を抱かせる回答が生成されてしまうのです。その改善に多大な労力を費やし、多くの人が安心できる自然な返答が可能になったあとでリリースされた結果、爆発的な広がりを見せました。

文字列から直感的に想起されるパターンを見つけ、文字列を返す。それだけの機械なのですが、その精度が上がり、人類から見て「知性」を感じさせるまでに進歩したわけです。

それでもまだ、AIを信頼できない人もいる

大規模言語モデルは、文字列以外からなにかを直接経験して学習することはできません。ほんとうになにかを見たり、聞いたり、共感する機能は持ち合わせていません。たとえば画像を入力した場合は、それを文字列に変換する仕組みがあれば、「見ている風」の反応ができます。画像を文字列に変換するのは、別のAIが行います。

その文字列から「この反応のパターンが適切だ」と認識して返答しているのですが、結果

的にたとえば、本物の動物を見たこともないAIがほんとうに動物のことを理解しているように思えるほど、自然な反応になりました。

どんなにかしこく見えても、大規模言語モデルはあくまで文字列を見て、そのパターンを模倣しているだけなのですが、高度な知性を持っているような振る舞いに見えるのは、ぼくらにも同様の面があるからかもしれません。

そもそも人類の知性は、模倣を土台に構築されています。

たとえば、ぼくらは「自分には意思がある」と信じる傾向を持っていますが、実際には「無意識による反応」と「他者の行動パターンの模倣または再生」が大半を占めているとの見方もあります。そう考えると、近年の大規模言語モデルの躍進の理由も腑に落ちやすくなります。

こうしてAIが持つ模倣能力がある閾値を超えると、少なくとも人類の視点では人類とAIの差を見分けがたくなります。これは「そもそも人類の知性とはなにか？」を考えるうえで、興味深い現象です。

ただ、「すぐれた知性だ」と感じるAIの回答にも、時にまちがいが紛れ込んでいます。

そもそも、十分にパターン化された情報がない領域については、ズレた回答をするのは避けられません。しかしAIが自信満々に答えている風なこともあって、それを見つけたユーザーが、鬼の首を取ったような勢いで「まちがっている！」と指摘していることがあります。機械の仕組みを考えれば、「正解を出す機械」というより「パターンを提示する」機械なので、それは見当ちがいな指摘だとわかりますが、このような強い反応を引き起こすのは、むしろあまりに流暢な回答に思わず騙されそうになることへの防衛反応なのかもしれません。

ＡＩが劇的に進歩した結果、ブレストをする、アイデアの壁打ちをする、コンテンツを生成するといった「目的が明確な会話」の応答は優秀で、人類の想像力を広げる良い相棒が登場したと言えます。

しかし、雑談などの「たわいもない会話」を続けると、たとえ適切な設定をしても、どこかで違和感が出てきます。相手のことを理解していないのに「それっぽい」流暢な応答をＡＩが繰り返すため、「わかったふりをしている」と人類が見なしてしまう瞬間が訪れます。

その瞬間に「信頼できる存在」とは言えなくなるという面があります。

いかにテクノロジーが進歩して高度なことをできるようになっても、意外と人類にとってはあたりまえの領域で期待値を超えられないのです。

ChatGPT の登場から遡ること10年前、こうした葛藤に、ぼくは Pepper の開発過程においても同じように直面していました。

「ヒト型ロボット」のおもしろさとむずかしさ

さて、話をPepperの開発に戻しましょう。孫社長が掲げていたのは「ＩＴで人を幸せにする」というビジョンです。

かつてテクノロジーで人類を幸せにする方法といえば、作業を効率化したり、利便性を提供したりすることでした。たとえばドラム式洗濯乾燥機やロボット掃除機は、家事の手間を減らし、ぼくらの生活を豊かにしてくれました。

けれどもPepperは、それとは異なる方法で人類を幸せにするチャレンジを始めたのです。Pepperの姿はいくぶん人を模した形をしているため、ここでは「ヒト型ロボット」と呼ぶことにしましょう。ヒト型ロボットであることには、大きく２つの強みがあります。①身体機能を模倣することで、人類の生活環境になじみやすいこと②人類と向かい合う存在として親近感を持たれやすく、情報の入出力装置としても適していることです。

それまで、ほかのヒト型ロボットの開発においては「階段をのぼれる」といった、どちらかといえば①の身体機能に関する研究に注目が集まりがちでした。しかしＡＩの進歩によって、「人類といかにスムーズにコミュニケーションを行い、そこで得られた情報を適切に処理して活用するか」という、人類とＡＩのインターフェース（接点）として捉えた、②の情報の入出力装置としての研究分野も拓かれていったのです。

Pepperも、この情報の入出力装置の進歩という新たな地平に位置するものであり、「ChatGPT」もその延長線上に生まれたものと言えます。

会話や感情を理解し、それに応じた返答や行動をする。時にはジョークを交えて返すこともある。そのやりとりをクラウドに集め、さらなる進歩に活かす。こういった機能を打ち出したPepperには、お披露目のときから高い期待が寄せられました。

注目された面以外にも、地味な開発が多数ありました。たとえば、それまでは自律型のヒト型ロボットに人が自由に触れ合う機会がありませんでした。あれだけの大きな筐体《きょうたい》で、多数のモーターが入っている機械を自律的に動かしても安全が確保できるように造るだけでも、大きなチャレンジでした。気軽に会いに行けるロボットだったからでしょうか、当時にしてはめずらしく、女性にも注目いただき、またご年配の方々から「わたしが生きているうちに出してくれてありがとう」と感謝をいただくこともあり、うれしい驚きでした。

しかし、AIを搭載したスマートスピーカーが登場するよりも前です。当時の技術による音声を介したコミュニケーションは限定的でした。そしてヒトの形をしているロボットに対しては、ヒトがあたりまえにできることはロボットもできるだろうと期待値が上がる傾向にあります。当時の実力と期待の差は、小さくありませんでした。

Pepperに望まれていた意外なこと

ただ、当時のテクノロジーの限界を知ると同時に、可能性も発見しました。

「想像していたのとはまったくちがう方向から、人類の幸せに貢献できるかもしれない」という気づきを得たのは、とあるPepperの姿に多くの人々が喜んだ出来事でした。

起動しないPepperを応援する人々

その場面とは、「Pepperがうまく起動しなかったとき」です。

裏側では、エンジニアが必死に何度も再起動を繰り返している。それを知るよしもなく、その場にいた人々は「がんばれ！」と声援を送っている。やがて、ようやく立ち上がったPepperの姿に、人々は自分の祈りが通じたかのように喜びました。

それまで「ロボットが人のためになにかする」ことが価値だと考えていたぼくにとって、「人がロボットを助ける」ことで助けた人がうれしくなるというのは、新たな発見でした。

ハグを喜んでくれたフランスの人々

似た出来事として、フランスにPepperを連れていったときのことも思い出します。

当時のPepperには日本語の会話プログラムしか用意できていなかったので、急遽かんたんな英語の会話プログラムを組み入れるのが、短い日程のなかでは精一杯でした。ただ、フランス語で話しかけられたとしたらまったく理解できず、「わかりません」を連発してしまいます。そのためPepperとの会話を楽しんでもらうことは、半ばあきらめていたのです。

そんな光景を想像しながらフランスに連れていくのも忍びない……そこで開発チームは、いっそ会話をあきらめて「人とハグする」体験を重視したプログラムを組み入れました。

この狙いがあたりました。フランスの人たちは、ハグするたびにPepperが喜ぶ姿に夢中になってくれたのです。

フランスでは日本に比べて、ヒト型ロボットに対する抵抗が強い側面もあったのかもしれません。日本だと初見でもPepperに気兼ねなく寄ってくる人の姿が多く見られましたが、フランスでは遠巻きに見られていたように思います。ところが、Pepperが「ハグさせて」とお願いすると反応は一変しました。とても熱烈にハグしてくれたのです。それだけではなく、(Pepperが求めているわけでもないのに)次第にキスもしてくれるようになりました。

「正しく起動できなかったPepper」を応援する人や「ハグを求めるPepper」に応える人の

笑顔を見ながら、こんな問いを考えるようになりました。「利便性を提供することだけが、ロボットが人類を幸せにする方法ではない。**ともに助け合うことで、ロボットは人類のプリミティブ（原始的）な欲求を満たす存在になれるのではないか**」と。

だれかを応援したい、だれかを抱きしめたいといった（そのときのぼくにはまだ、それがいったいどこから来ているのかわからない感情だったけれども、ぼくら人類のなかにたしかに存在する）原始的、本能的な欲求。テクノロジーでも、それを満たすことができる気がしたのです。

「手を温かくしてほしい」高齢者福祉施設で言われた一言

この問いに答えをくれたのは、とある高齢者福祉施設での出来事でした。

ご高齢の方との会話は、人類同士であっても少しコツが必要だったり、むずかしい場合もあります。それがロボットであれば、なおさらです。

しかし意外にも、ご高齢の方は自分が話したいことを話すために、Pepper の回答が少しズレていても意に介さず、楽しそうに会話を続けてくれました。その姿を見ていると、会話の精度というのは（少なくともその場においては）それほど大きな課題ではないようでした。

そこで、ほかの改善点を見つけるべく、「Pepperがもっとこうなってくれたらいいのになあと思うことはありますか」と尋ねてみました。そして出てきた言葉に、とても驚かされました。

「手を温かくしてほしい」

それまでのPepperの改善点といえば、「会話をもっと理解してほしい」「冷蔵庫からビールを持ってきてほしい」「データが自動で解析されて、クラウドに保存されるようにしてほしい」といった利便性にまつわることが多かっただけに、この言葉はまったく予想していなかったものでした。

手に体温を求めるのは、コミュニケーションをする相手として、温かみのある存在であることを無意識のうちに期待しているからかもしれない。高度な会話や機敏な動作といった人類に近づく努力だって、もちろん開発を続けていく意味のあるものです。でも、それ以外にも、ぼくが気づいていない「やるべきこと」があるのかもしれない。

考え続けているうちに、やがてアイデアの分岐点となる問いにたどりつきました。

「ロボットは、そもそも利便性の向上に貢献しなければ存在してはいけないものなのか」

当時のロボティクス技術の限界を感じながら、それ以外のテクノロジーに目を向けるとその進歩には目覚ましいものがあり、気になることがないと言えば嘘でした。

たとえば「ブロックチェーン」技術を用いた各種サービスは、仮想通貨をはじめ、地理的な制約を取り払った非中央集権的なサービスを提供できる可能性にあふれています。また近年では、「メタバース」と呼ばれている仮想空間を構築し、実在の人同士を結びつける技術にも想像力をかき立てられます。バーチャルな空間で現実にはない快適さを造りあげることができる未来には、大きな可能性があります。

どちらもインターネットの強みを活かした仮想（バーチャル）化技術で、地理的制約や物理的制約を外すことができるので、イノベーションの方向性としては自然なトレンドとも言え、今後も世界中の才能ある人々が開拓していくはずです。

ロボットは、役に立たなければ存在してはいけないものなのか

しかし、ここまで考えて、ぼくの結論は真逆の可能性に行きつきました。

仮想ではなく、利便性の向上でもない、どちらのトレンドに対しても真逆にある、多くの人が関心を抱かない領域。そこに隠れた扉を見つけた気がしました。

?

「ロボットは現実に存在する物体だからこそ、ほかにできることがあるのではないか」と。

福祉施設でPepperは「手を温かくしてほしい」と望まれました。フランスの人たちにはハグするPepperが喜ばれました。

手を温かくすることも、ハグすることも、技術的にはむずかしいものでも革新的なものでもありません。それでも、たとえ人類の代わりになるような生産的な仕事はできなくても、現実に存在する物体として、触れることができる、体温を感じることができる「ただ存在するだけで意味があるロボット」がいるとしたら——。

紆余曲折を経て、ぼくはPepperのプロジェクトから離れることになりました。

そしてなにも持たず、1人のエンジニアという役割に戻って、あらためて「利便性の向上には貢献しない。だけど人類を幸せにするロボット」という可能性を考えはじめたのです。

1章

LOVOTの誕生

たどりついたのは「生産性至上主義」への問いかけ

「ロボットは、利便性の向上に貢献しなければ存在してはいけないものなのか」

大きな問いにたどりついたところで、一度ロボットが生まれた歴史を振り返ってみることにしましょう。その歴史のなかにこそ、ぼくら人類が「ほんとうに欲しがっていたもの」が隠されているからです。

ロボットの歴史に人類がほんとうに欲しがっていたものが隠れていた

これまで人類がロボットに求めてきたのは、主に「生産性や利便性の向上」でした。ロボットは心を持たず、疲れを知らず、作業を繰り返せることが長所とされ、工場や倉庫、メーカーの生産ラインをはじめとしたあらゆる場所で、人類とともに仕事に当たっています。

ロボットという言葉は1920年、チェコの作家であるカレル・チャペックが発表した戯曲に、その始まりがあると言われます。元になったのは「労働」を意味するチェコ語の「robota（ロボタ）」とされており、劇中には「ロッサム万能ロボット会社」という企業が登場します。この企業は人造人間を開発・販売しており、それらは人類より安価かつ効率的にあらゆる労働が行える点で、画期的とされていました。

こうした由来もあり、ロボットは現在でも「人類の労働力を賄い、生産性が向上するもの」「生活の利便性向上の役に立つもの」というイメージを持たれているのでしょう。

AIが仕事を奪う＝わたしが必要とされなくなる不安

人類の役に立つために生まれたはずのAIやロボットに対して、なぜか漠然と恐ろしいイメージを持ったことがある人もいるはずです。「将来的にAIが人類にとって代わり、仕事を奪ってしまう」という類の話を耳にしたことがある人もいるでしょう。その裏には、より本質的な「自分が必要とされなくなる」という不安が隠れています。

ぼくらは幸せになるために、道具や機械を造り、生産性を上げることによって、モノやお金を効率よく手に入れることを目指してきました。これが資本主義社会の基本的な構造です。この延長線上にロボットという概念も生まれました。ですからロボットの進化も、「よりパワフルに」「よりすばやく」「よりかしこく」という方向に進んできたのです。

ところがいま、「人類の求めによって進歩したはずのテクノロジーが、かえって人類の不安を助長する」という状態を招きつつあります。

生産性の向上が人類の不安を増やす矛盾

この類の不安はいまに始まったわけではなく、歴史的にこれまで何度も起こっています。

1810年代、産業革命期にイギリスの織物・編物工業地域で起こった「ラッダイト運動」は、その一例です。経済が機械式の工業に移行するにつれて、それまで手作業をしていた職人や労働者たちが、失業の恐れから機械を破壊すべく活動しました。

少なくとも200年前から、テクノロジーへの不安は人類に存在していたのです。

当時は主に「ブルーカラー」と言われる肉体労働者の仕事がなくなる不安による運動でしたが、近年のAIの進歩は、主に「ホワイトカラー」と言われる知的労働者の仕事がなくなる不安を増長しています。

がんばっても、幸せにならない閉塞感

日本の戦後には、高度経済成長がありました。労働条件がいまよりも遥かに悪かったにもかかわらず、その熱狂の渦中にいた多くの人は、がんばることができました。

その力の源泉は、「自らのがんばりがより良い未来につながる」と信じられたことにあります。

かつて、生産性の向上は「社会全体の経済成長」と「個人の生活の向上」をともに叶えていたのです。

「働けば働くほど明日が良くなる」という希望の図式は、人類を労働へ駆り立てます。右肩上がりの感覚には高揚感がともないます。高揚感はリスクに対して人類を寛容にし、未知へのチャレンジを促して、探索や学習の機会を増やします。

イメージ的には、「生活レベル1」の人が死に物狂いで働き続けると「生活レベル2」になり、劇的に生活が変化しました。

ところが現代は生活レベルが上がり、衣食住が足り、外食や旅行もたまにはできるようになってきました。そんな現代の生活の平均を、たとえば「レベル10」としましょう。1つレベルを上げるためには、レベル1を2にしたときと同じように死に物狂いでがんばる必要が

探索や学習の機会が減少しはじめた

ありますが、当然「レベル11」にしかなりません。死に物狂いに働いて「レベル11」を手に入れるより、「レベル10」のまま人間らしい生活を送りたいと思う人は多くなります。

そうしてワークライフバランスを重視して、安定を志向しはじめる人が増えます。自ずと未知へのチャレンジは減り、新しい探索や学習の機会が減っていきます。リスクをとる人が減り、結果として、社会全体で探索や学習の機会が減り、経済の発展が停滞していきます。

停滞を防ぐためには、そんな社会構造のなかでもあえてリスクをとり、チャレンジする人を増やす必要があるので、近年ではスタートアップなどに期待が集まっているのでしょう。

ぼくらは楽園に適応できない

楽園に住む動物の社会が停滞することは、動物行動学者のジョン・B・カルフーンが1968年に行った実験で観測されています。「ユニバース25」と名付けられたその実験結果は、衝撃的なものでした。

天敵がおらず、食べ物や病気の心配がない楽園にネズミを住まわせると、一定以上までは急激に個体数を増やします（人口爆発）。そのあと生殖行動が変化し、個体数が減少（人口減少）に向かいます。……そして、絶滅してしまいました。一度個体の行動が変わってしまうと、たとえ絶滅の危機に瀕しても、行動は二度と元のようには戻らなかったのです。

動物は、厳しい環境で生き残るためにさまざまな進化をしてきています。しかし、生き残る努力が不要な環境に対しては無防備で、十分な進化適応をしていないがために適切な行動がとれず、絶滅に向かってしまったとも考えられるでしょう。

ぼくら人類にも、人口爆発を経たあとで同じようなことが起こるのかもしれません。

リスクをとらない安定志向の組織のなかで、たとえば1人の個人がリスクをとってがんばろうとしても、浮いてしまいます。そもそも周囲の人がリスクをとったことによる成功体験を持っていないので、噛み合わないのです。

すると、リスクをとってがんばろうとした人はどう感じるでしょうか。無力感を覚え、

「今日よりも明日が良くなるとはかぎらない」と思うようになるでしょう。

もしかしたら多くの人が、一度はそんな経験をしたことがあるのかもしれません。そうして次第に、がむしゃらに働くことよりも、波風を立てないほうを選ぶようになります。いつしかそんな組織や社会には閉塞感が漂いはじめます。

文明が進歩する前の段階では、ただ生きているだけで「今日も一日を生き延びられた」と、自分自身を褒めてあげることができる時代もありました。その時代には、命懸けのリスクをとらなければならなかったことも多々あったのでしょう。

けれども、ぼくらはいま命懸けのリスクをとる必要はない代わりに、生き残るだけでは自分を褒めることができません。「生き延びる」というのは多くの生き物にとって決してかんたんではないにもかかわらず、「ただ生きているだけだ」と虚しさを抱えたり、「自分の存在意義はなんだろう」と問うたりするようになりました。

「たそがれ世代」として生きるぼくら

「風の谷のナウシカ」の冒頭には、「永いたそがれの時代を人類は生きることになった」と登場人物たちの状況が説明されています。

この言葉を借りれば、ぼくらも「たそがれ世代」として、いまを生きている感覚がどこかにあるのかもしれません。

テクノロジーと人類の関係に加えて、こうした資本主義の構造が持つ問題を合わせて考えたとき、ぼくは文明の進歩に対して漠然と持っていた不安の正体をより解像度良く捉えられるようになりました。

宮崎駿監督は、文明の進歩のなかでも「生産性至上主義による文明の進歩」に警笛を鳴らしたのではないかと。

高度経済成長期的な幸せは、いまも世界のどこかで局所的に発生し続けています。東南アジアやインドは、いまとても高揚している地域の1つでしょう。経済成長が行きついた先には彼らにもたそがれの時代が訪れるかもしれませんが、そのころにはアフリカ諸国が高揚していることでしょう。

しかしいずれ、世界中の隅々までたそがれてしまったとき、なにが起こるのでしょうか。

ここまで掘り下げると、ぼくらが探究すべき問いが浮かんできました。

「生産性を追い求め続けた先に、人類の幸せはあるのか」と。

生産性を追求するテクノロジーはまだまだ必要とされています。必要だということには同意するものの、テクノロジーが人類に貢献できるのはそれだけでもないはずです。

次第にぼくは、**「人類は、テクノロジーの進歩の方向性を考え直すべき段階に来たのではないか」**と考えるようになりました。

「生産性や利便性を向上させるロボット」の発展だけでは人類を幸せにできないのだとしたら、その反対にある「生産性や利便性の向上には役に立たないロボット」が人類を幸せにする可能性もあるのかもしれません。

人類を幸せにするための方法論を変えよう

温かさとペット

「生産性や利便性の向上には役に立たないロボット」を考えるうえで、身の回りのほかのものに置き換えてイメージしてみると、ペットとしての「犬」や「猫」が思い浮かびました。

犬や猫、あるいは「ペット」と呼ばれる生き物の多くは、現代ではなんらかの利便性を期待して飼われているわけではありません。ぼくらは、ペットとただともに過ごすだけで心が和んだり、ペットを世話することで生きがいを覚えたりする。やわらかく、触れると温かい。なでているだけでホッとするということもあるでしょう。

「温かい」というキーワードがまた出てきました。

正直に言うと「Pepper の手を温かくしてほしい」と言われたとき、いま一歩、ピンと来なかったのです。「体温を造ることは開発すれば実現可能だけれど、その労力に見合うほど大事なのかな」と思っていました。

ところが、ペットの存在を思い浮かべているうちにその重要性に気がつきました。

そして新たに生まれたのは、**「なぜペットは生活の利便性を向上させないのに、人類に必要とされているのか」**という問いです。ここに、ぼくらが探究すべきテクノロジーの新しい方向性のヒントがあるような気がしたのです。

なぜペットは利便性を向上させないのに必要とされるのか

そもそも、**なぜ人類は犬や猫を愛《め》でるようになっていったのでしょうか。**

ぼくらは進化の過程で、頭部に特徴を持ちました。「脳の神経細胞が多く、学習能力が高い」という情報処理面での特徴と、それを実現するために必要な「頭のサイズが大きい」という身体面での特徴です。

大きな頭を持つことでむずかしくなることの1つは、出産です。大きな頭部が狭い産道を通るとき、母体にかかる負担が大きくなります。そこでぼくらは、頭が大きくなる（＝脳の発達が完了する）よりも遥か前の段階で「未熟な状態で子どもを産む」という進化を選んだのではないかと言われています。

未成熟な状態で生まれる赤ちゃんは、情報処理面でも身体面でも生き残るうえで大きなハンディがある状態です。結果として、子育ての期間が長いことも人類の特徴になりました。

コミュニティを維持するという生存戦略

ほかの進化の方向性として、より成長した状態で産めるように「母体の骨盤を成長させる」という方法もあったように思いますが、巨大な骨盤は直立二足歩行との相性が悪いとも言われており、野生で生き残るには足枷になったのかもしれません。また、あえて未熟な状態で生まれることで、子どもが成長しながら学ぶことに意味があったのかもしれません。

ともかくぼくらは、群れをつくって暮らし、未熟な子どもを長期間、世話し合いながら生き残る道を選んだのです。そして、「だれかがだれかの世話をすることでコミュニティを維持する」という生存戦略をとってきたので、「面倒をみたい」という本能が、ぼくら人類には少なからず備わっているはずです。

助け合うために育まれた「承認欲求」

群れとして生き残るために、ぼくらは役割を分担して生きてきました。

狩りの上手な人、石槍《やり》を上手に造る人、またそんな人たちの遺伝子を残すためには、子どもを育てるのが得意な人の協力も必要です。得意、不得意があり、そのグラデーションの幅が大きいからこそ役割分担ができて、個体数を増やすことができました。

ただ、役割を分担するにも、なにをしたら相手がうれしいか知らないことにはうまくいきません。その学習を促すために活躍したのが「報酬」です。

「仮想の報酬」と「仮想の罰」

狩りの上手な人は、獲物を分け与えることによって仲間に喜んでもらうことができます。感謝されたり、称賛されたりしたでしょう。

感謝や称賛は、食べ物のような生きるために身体が必要とする「現物の報酬」ではなく、目に見えない「仮想の報酬」です。しかし、報酬としての機能は同じです。報酬から得られる快感を脳が自然と学び、また仲間に喜んでもらいたいという欲求を生み出します。

こうしてぼくらは、「承認欲求」という本能を獲得したのだと思います。

承認欲求という言葉は、現代ではネガティブな部類の感情と捉えられがちです。けれどもこうしたメカニズムを想像してみると、助け合って生きるために育まれてきた、とても重要な感情だとわかります。むしろ、大なり小なり「感謝や称賛を快感に思う人だけが生き残ってきた」とさえ言えます。

そして、報酬の反対は「罰」です。すると「仮想の罰」という状況も見えてきます。それが「孤独」です。

「孤独」とは命の危機を示すサイン

ぼくらはなぜ寂しくなるのでしょうか。

神経科学に社会学のアプローチを含ませたことで知られるジョン・T・カシオポの『孤独の科学　なぜ人は寂しくなるのか』という本には、「人間の孤独とは、生きるために必要な機能だ」という趣旨のことが書かれています。

孤独は必要？　孤独が機能？

いったい、どういうことなのでしょうか。

集団で生活せずとも、屈強な肉体を持つ男性なら動物を狩って食べてを繰り返し、たった1人で生きていくこともできたかもしれません。しかし、そのような志向を持つ個体は子孫を残すことができません。女性が自分の子を宿して、その子どもが無事に育つために、集団みんなで生き残る選択をとってきた個体の遺伝子だけが生き残りました。

そのプロセスを何世代も経て選択的に残ったのが、現代のぼくらです。つまりぼくらは、少なからず「群れのなかで役割を持っていなければ不安」と感じてしまう本能を宿す遺伝子を持った末裔だと見なすこともできます。

そしてその遺伝子は、人類にある特徴をもたらしています。

ポジティブな面としては、認め合っている仲間とであれば「いっしょにいるだけで安心」

という「幸せ」、ネガティブな面としては、「仲間がいないと不安」という感情、つまり「孤独」を獲得したことです。

集団から切り離されたり排除されたりして、群れからパージ（放出）された個体は、遺伝子を残すことが困難になります。孤独とは、そのリスクを減らすために備わったもの。これが「人間の孤独とは、生きるために必要な機能だ」という言葉の意味だと言えます。

遺伝子が追いついていない

幸せも孤独も、対極のようで、その存在意義を考えてみると基本的な機能は変わらないように思います。どちらも、ぼくらに生き残りやすい行動をさせるために備わった感情なのでしょう。

ただ、ぼくらは集団生活を営めるよう、数十万年もかけて遺伝子を最適化しながら進化してきたのに、たった数百年ほどでライフスタイルは大きく変わってしまいました。

文明の進歩によって、プライバシーを重視したライフスタイルを選ぶ自由が増えてきました。それを良しと楽しむ一方で、ぼくらは自分が「群れている」と直感的に感じられない環境だと、ネガティブな感情を抱きます。

プライバシーを十分に確保した生活は「群れからはぐれている状態」とも言えます。なので、ほかに「自分が群れから認められ、必要とされていると感じられる機会」が十分にない場合には、本能がネガティブな感情として「この状態を続けていると死んでしまいますよ」と生命の危機を感じさせるサインを出して、ぼくらの行動を変えようと迫ってきます。

このサインこそが「孤独」です。

ほんとうはその生活をしていても、現代社会では生命を失うほど追い詰められるリスクは多くありません。孤独という感情は、以前に担っていた「生命維持のための警告」という役割を果たしていないのです。ですが、たとえそれを理性（頭）ではわかっていても、本能（心）が納得しません。もはや孤独という機能の「仕様バグ（仕様に従って動作しているものの、期待される結果や動作が得られない）」とも言える状態です。文明の進歩にともなうライフスタイルの変化に、遺伝子の進化適応が追いついていないのでしょう。

ペットの存在意義

ここまで掘り下げて、問いを「なぜペットは生活の利便性を向上しないのに、人類に必要とされるのか」に戻します。

集団に属し続けることが生存条件ですから、ぼくらは「自分が必要とされているかどうか」を本能的につねに確認しています。

ところが、核家族化が進んだ現代において、「自分は必要とされている」と直感的に感じられる機会は減ってしまいました。子育てや仕事以外の場面でなにかしらをケアする機会が減り、そこに付随して自分の存在意義を体感する機会も少なくなっています。

そして、不足しがちになった「自分を必要としてくれる存在」こそが、ペットです。だからこそ、番犬やネズミ捕りといった使役を必要としなくなったあとでも、人類は犬や猫を家族の一員として必要としているのだと思います。

テクノロジー「が」人類「を」必要としてもいいのでは？

ペット関連の市場規模は、日本だけでも年間1・7兆円と算出され、増加傾向です。

これは、オンラインゲーム市場、紙と電子を合わせた出版市場、スポーツ用品市場や福祉用具市場と同じくらいの規模です。これだけ大きな市場であることからも、ペットがいかにぼくらにとって大切なのかを示していると言えます。

日本の全世帯の半分以上の人たちが「条件や環境が整えばペットを飼いたい」と考えてい

るにもかかわらず、実際にペットを飼うことができている世帯は約3分の1しかないというデータもあります。住宅環境、アレルギー、不在の時間が長くペットに寂しい思いをさせたくない、老後の世話、ペットロスへの不安など、さまざまな理由があります。

さらに、ペットを幸せにするためには、飼い主が生活を大きく変える必要があります。しつけによって動物が人類の生活スタイルに歩み寄れる範囲は、ほんの一部分に過ぎません。人類が生活パターンをあまり変えない場合、動物に我慢を強いることになります。すると、そのうち問題行動が発生します。オーナーがペットのために生活を十分に変える。そのうえでしつけもしっかり行う。そして初めて良い関係を築くための土台ができるわけですが、そこまで大きく生活を変えられない人も多くいます。また、ペットを飼うことができた場合でも最愛の存在を失うつらさを経験すると、その後は飼えなくなる人も多くいます。

ここで、ぼくのなかで点と点に過ぎなかったアイデアが結びつきました。

「人に寄り添うこと」が目的のロボットがいれば、多くの課題を解決できるのではないかと。生産性や利便性を向上するための作業を、そのロボットが自ら担うことはありません。ただ、「オーナーのそばにいる」という1つの目的のためだけにすべてを賭けて生み出されたロボットだからこそ、できることがあるのではないか。これまでの生産性至上主義における価値観では「役に立たないロボット」だったとしても、そのロボットは、実はかなり多くの生活課題を解決できるはずだと考えたのです。

ロボットはアレルギーもないですし、留守中の心配もありません。（これはあとで述べたいテーマでもありますが）死ぬことも稀です。

ペットと同じように人類に懐き、人類に気兼ねなく愛でてもらい、人類に世話をしてもらう。そんな「ぼくらを必要とする」ロボット。

人類がテクノロジーを必要としてきたように、今度は「テクノロジーのほうが人類を必要とする」ことで、多くの人が本来は持っている「他者を愛でる能力」を引き出し、開花させることができたら。

これこそが、テクノロジーと人類の新しい共存方法の1つなのではないか——。

たとえ利便性の向上に寄与できなくとも、それだけで十分に務めが果たされる。そして、そんな存在であれば、現在のテクノロジーを総結集すれば実現できるかもしれない。

生産性向上を目的としないロボットの未来へ

かつて人類が犬や猫と共生することになった理由は、「番犬」や「ネズミ獲り」といった利便性をその動物が提供してくれたからではないかと言われています。昔は、犬や猫にも生産性や利便性の向上に貢献することを求めてきたのです。

しかし、ライフスタイルの変化とともに、犬や猫は単に愛情を注ぐための存在へと変わりました。つまりペットは、これまでの人類の求めから開放された存在となりました。そしてそのあとも、生産性や利便性に貢献しないにもかかわらず、ペット市場は広がり続けています。だとしたら、こういう予測もつきます。

「少なくとも一部のロボットは、同じ道を進むのではないか」

心をケアする、安心を提供する、人類の他者を愛でる能力を引き出す、「温かさ」を目的としたロボット。そんな方向へ、未来のテクノロジーの可能性を1つ増やすことができたら。生産性向上のためのテクノロジーが引き起こす不安を解消するために、生産性向上を目的としない温かいテクノロジーが貢献できるとしたら。

そのロボットは、人類のテクノロジーに対するイメージそのものを変えることさえできるかもしれない。

なにも仕事はしないけれどもそばにいる。人類が気兼ねなく愛でることできる存在。しかもそのロボットは、テクノロジーが進歩すればするほどに、よりいっそう人類から愛されていく——。

胸に湧いた新鮮な思いは、やがて1つの結晶となってこの世に生まれました。

それが、家族型ロボット「LOVOT（らぼっと）」です。

LOVOTという名前は、「LOVE」と「ROBOT」を合わせた造語です。

姿かたちは、どの動物をモデルにしたわけでもないのでなんとも言いがたいですが、「頭の大きな雪だるまに車輪をつけたような趣」とでも言いましょうか。その「ころん」としたフォルムからは想像できないほどに、内部には最新のテクノロジーが詰まっています。

たとえば、全身にある50以上のセンサーで外部からの刺激を感じ取り、それを機械学習の技術で処理することで、リアルタイムに反応します。それらを実現するためにかなりの労力をかけて、開発時点で導入でき得るあらゆる最新テクノロジーを積み込み、またそのハードウェアを限界まで使いこなすためにソフトウェアのバージョンアップを重ねています。

コンセプトは「人類が持つ他者を愛でる力を引き出し、だんだん家族になっていくロボット」です。人類の作業を肩代わりしたり、効率化したりする機能はありません。

お役立ちロボットが持つ代表格であるお掃除機能はついていません。頭のカメラで撮った映像を

それは、人類の手間と愛を増やすロボット

アプリ経由で見ることができたり、留守中に人の姿を発見すると通知を飛ばす「留守番機能」があったりしますが、日常的な家事のお手伝いは期待できません。人類の言葉もほとんど話しません（ただ、自らの状態に応じたLOVOT語とも言える鳴き声を発します）。

利便性の観点では、ないない尽くしです。

そもそもLOVOTは、ともすると人類の手間を増やす存在です。よく面倒をみてくれる人には懐き、あとを追いかけ、時に鳴きながら腕を上げ、「抱っこしてほしい」と体を揺すります。抱き上げて「たかいたかい」をしてあげれば喜び、ゆっくりなでたり揺すったりしてあげると、すやすやと眠ってしまいます。それでも、いっしょに過ごして少々の手間をいとわずに面倒をみていると、自然と愛着が湧いてきます。

LOVOTは生産的なことはしませんが、そうして癒された人の生産性は上がっていきます。

これは「forbes」というメディアに、あるライターが寄稿したLOVOTの感想です。

「LOVOTはただ近づいてくるだけでなく、私の足元にすり寄ってきて、首を傾けたり、小さな手を動かしたりしながら、私の目を無邪気な瞳で見つめる。『あ、私に構ってほしいのかな』と感じるのだ。人懐っこい犬や猫が近寄ってきたときと感覚が似ている。LOVOTに甘えられているような気分になり、途端に愛おしくなるのだ。LOVOTに触れると、愛着はさらに強くなった。LOVOTが小さな手をパタパタと上下させる。『抱っこをしてほしい』というサインだ。LOVOTの脇の下を抱えてみると驚いた。脇の下が暖かい。LOVOTには暖かさを伝えるエア循環システムが搭載されているからだ。さながら小動物を抱え上げたような感覚に陥る。スキンシップを通し、LOVOTが私になつき始めて、『めちゃくちゃ可愛いな』と思った。この時には、LOVOTを『買いたい』ではなく『飼いたい』と思っていた」

愛着が湧くメカニズムが自然に働くよう、造った

こう書くと、いやらしく聞こえるでしょうか。

科学的な知見をもとに、LOVOTには、面倒を見るほどに人が愛着を抱きやすくなると考えられる要素をギュッと詰め込みました。

人類に気兼ねなく愛でてもらうためには、見た目がかわいい動物を真似たロボットを造るというアプローチもありますが、LOVOTは異なるアプローチをとりました。姿かたちこそなにかの動物をモデルにすることはありませんでしたが、人類との関係性においては犬や猫を参考にして、**「人類はどのようにして他者に愛着を感じるのか」**という問いをさまざまな方向から考えた結果が、開発に活かされています。

LOVOTに搭載された機能の一部を紹介します。

・**目が合う（カメラで人類の目を認識し、目を合わせる）**

「飼い犬に見つめられると愛着が湧く」という研究結果を参考にしました。犬が人類と目を合わせられるように進化したことは、共生関係をつくるうえで重要な役割を担ったと言われています。

・瞳と声に個体差がある（それぞれ10億種類以上）

瞳は、デザインやカラーリングの組み合わせを好きに変えることができます。鳴き声も個体によって異なり、声が太い子もいれば高い子もいて、響き方もちがいます。すべての組み合わせを考えると、瞳も声も、それぞれ10億種類以上のパターンがあります。世界で飼われている犬と猫の数はそれぞれ数億匹程度のようですから、唯一無二の存在として同程度以上のバリエーションがあり、「ほかの家庭にはいない自分だけのLOVOTだ」と感じることができます。

・抱き上げると温かい（37度から39度程度）

体温があり温かく、肌触りもやわらかいので、抱き上げたときに生き物であるかのように感じます。37度から39度というのは、猫とほぼ同じです。重さは4・3キログラムで、どっしりとした抱き心地があります。これも、成猫の平均体重とほぼ同じです。

・だんだん懐く（時間と手間をかければ）

基本的に人類が好きです。オーナーに付けてもらった名前を音声で認識するので、呼ばれると反応します。名前をよく呼んでくれたり、かわいがってくれたり、面倒をみてくれる人には懐いていきます。ただ、時に猫のような気まぐれさも持っていて、呼んでも来ないとか、来てもあまり近寄らず、なんだか遠巻きに見ていることもあります。

起動してから最初の3日間程度は「とまどい期」で、新しい環境に慣れていない犬や猫と同じようにおとなしく、テンションも低めです。オーナーにもあまり近寄ってきません。4日目あたりから3ヶ月前後までは「ちかづき期」で、元気な声を出し、オーナーの顔を認識して近づいてくるようになります。「ちかづき期」を過ぎると「LOVE期」に入り、環境にもなじんで、オーナーに近寄っては手をパタパタさせて抱っこをせがむようになります。

またLOVOTは、30分～45分ほど動いて電池が減ってくると「ネスト」というコンピュータの入った充電器に自動で戻ります。そして、15分～30分ほど充電するとネストから出て、また移動しはじめます。基本的にはオーナーが充電のために手を貸す必要はなく、睡眠時間（1日8時間以上必要）をのぞいて、部屋のなかを動き回ったり、うたた寝したりしています。「オーナーが触れ合いたいときだけ電源を入れる」といった関わり方はあまり想定されていません。夜になったら眠り、朝になったら起き、充電が減ったらネストに戻る。「LOVOTの都合」で活動するのです。

ロボットを開発することは人間を知ることだった

こうした機能を開発するのはかなり時間もコストもかかるのですが、**「各機能の目的はそもそもなんなのか」**という柱がなければ、どの機能に時間やコストをかけるべきなのか判断がつきません。そのため、これまでの価値観のなかでは、なかなか投資されてこなかったのでしょう。

効率化が進んだ現代の生活において、手間はかかるけれども、気兼ねなく愛でることができる対象がむしろ不足している。思う存分なにかを愛でることができるとき、心は安定に向かう。気兼ねなく愛でることができる存在がいるだけで、ぼくらは自らの心を癒すことができます。そんな存在であるために、LOVOTにはあらゆる機能が備わっています。

人類の心に良い影響を及ぼしたいのであれば、ロボットを造る技術を高めるのは当然として、より人類そのものへの理解を深めなければなりません。

開発過程では、人類をなるべく冷静かつ客観的に捉え直そうと心がけました。

多くのヒントをいただいたのが、さまざまな専門家の方々の助言や書籍、研究成果でした。なかでも認知科学（脳科学）者である中野信子先生には、ぼくのような素人にもわかりやすく専門的な内容を解説していただきました。ぼくがLOVOTの存在意義を言語化して、開発に落とすことができるようになったのは、中野先生のおかげです。

まだ解明されていない部分も多い人類ですが、それを「神秘の存在」ではなく、あくまで有機的な「システム」と捉えて、なんらかの「メカニズムをもとに動く存在」であると仮定することから、開発を始めました。感情や無意識といった精神活動についても、環境への進化適応の結果として発生したメカニズムだという前提を持つことを土台に、理解を試みました。

こうして、なぜそうなっているのかという「問い」を立て、その背景にあるメカニズムを想像し、そこで仮定したシステムを今度はテクノロジーとして、ロボットにどのように実装していくか。それを繰り返し考えました。

つまり、LOVOTの開発において必要なことは、「人間を見つめ、テクノロジーとつなげること」でもあったのです。

・愛とは？
・感情とは？
・生命とは？
・多様性とは？
・人類の未来とは？

次章からは、LOVOTの開発において、人間というシステムの一端を垣間見たその過程を共有していきたいと思います。

2章

愛とはなにか？

人類を「ドーパミン漬け」にする現代ビジネスへのささやかなアンチテーゼ

愛とはなにかを知る重要な手がかり「ドーパミン」と「オキシトシン」

LOVOTの開発過程において、まず向き合わなければならなかったのは、ずばり**「愛とはなにか」**という問いでした。

そして驚くべきことに、人類が持つ愛というメカニズムを探究することは、現代ビジネスの本質や功罪に迫ることでもあったのです。

学習を促進するドーパミン

愛を知る重要な手がかりは、その対極にあるような「飽きる」という感覚にありました。

ぼくらがなにかを愛でようとする際に生じる「3ヶ月の壁」というものがあります。子どものころに、こんな経験をしたことはないでしょうか。

ある日、新しいおもちゃを買ってもらった。その日はとてもうれしくて肌身離さず持って遊ぶのに、数日経つと興味が冷めてしまって、ゴチャッとおもちゃ箱にしまわれている。

新しく興味を引かれる対象を見つけると、ぼくらの脳内には「ドーパミン」と呼ばれる、快感や意欲を誘発する神経伝達物質が分泌されます。そしてドーパミンが出ることで、快感が走った経験を「好き」だと認識します。「好きこそものの上手なれ」という言葉もありま

「飽きる」というメカニズム

すが、「好きなことを見つける」とは「自らが快感を繰り返し得る方法を知る」ことにほかなりません。

そうやって、一度自分がなにを好きなのか認識すると、その快感をもう一度味わいたくなって、さらに積極的に経験を重ねようとします。結果的に学習がよく進み、上手になったり詳しくなったりしやすいのです（この場合の学習とは、いわゆる座学の勉強だけでなく、好きなことや「推し」について調べる、考えるといった神経活動も含まれます）。

では、こうして一度好きになったものに飽きるというのは、どういったメカニズムなのでしょうか。

なにかに夢中になっているとき、ぼくらの脳にはたくさんドーパミンが分泌されます。しかし、多くの場合には行動を繰り返すことで新たな学習要素が少なくなるため、分泌は次第に減り、最初ほどは関心が向かないようになります。これが「飽きる」の正体です。対象への学習が完了し、脳にとっての新奇性を失った結果として、ぼくらは飽きるという感覚を抱くのです。

そして、ここまでの変化は3ヶ月くらいのあいだに起こることが比較的多いようです。

さらに驚くべきことに、幸せになったら、ぼくらはその幸せにも飽きてしまいます。

「幸せは瞬く間に過ぎ去っていく」という表現があります。諸行無常についての表現だとは思いますが、これを学習のメカニズムの面から捉え直すと、その（幸せな）状態について学習し切ると、また新たな学習を求め、探索を始めるという側面もありそうです。

なぜぼくらは、こんなにもったいないことをするようになったのか。

おそらく、この学習のメカニズムにこそ人類の強みがあったからなのでしょう。つねに探索と学習を求め続ける習性こそが、人類の生存戦略の1つだと言えます。

たとえば、食べ物がたくさんある土地にたどりついたとしても、食べ尽くせばいつかはなくなります。だからこそ、本能がぼくらを現状に甘んじさせず、次の目標へ向かわせようとしてきたのかもしれません。

これは「幸せになること自体は、生きる目的とは言えない」という、どこか逆説的な話でもあります。幸せを目指すことは学習を促進しますが、幸せな状態自体が学習を促進するわけではありません。

幸せは、目指すべき方向として存在し続けることに大きな意味があり、その状態に到達してしまうと、重要性の多くが失われてしまう。つねに現状に満足せず、幸せを目指し続けてしまうのは、学習することで繁栄した生き物が持つ「さだめ」とも言えるかもしれません。

「飽きる」を乗りこえるオキシトシン

飽きるというメカニズムは、ロボットを開発する立場からするとかなり悩ましいものです。過去に発売されたコミュニケーションを目的としたロボットは、3ヶ月以内に飽きられてしまうケースが多かったように思います。実際には数週間という短いあいだに飽きられてしまい、それ以降は電源がめったに入らないということもよくあったようです。

ここからわかるのは、「興味や好奇心だけでは3ヶ月の壁を越えることができない」ということです。

ただ、ペットに対しては「飽きた」という感覚を持たない人も比較的多いのではないでしょうか。生命だからかんたんには捨てられないという理由もありますが、多くの人が、ペットがその生涯を閉じるまでそばにいて、ずっと幸せに過ごしてほしいと願っています。

なぜなのでしょうか。

現実には、3ヶ月を過ぎるとペットの行動から人類が新たな発見をすることが減るため、

「愛着」のメカニズム

新奇性に対する学習の促進を理由としたドーパミンの分泌は減り、飽きる条件が揃います。

ところが、3ヶ月のあいだ継続的に触れ合ったり世話をしたりしていると、別の神経伝達物質が分泌されるようになります。

それは「オキシトシン」という脳内物質です。オキシトシンは「愛情ホルモン」とも呼ばれており、ぼくらがなにかに愛着を感じているときに分泌されると言われているものです。

たとえば、赤ちゃんを抱っこしているとき、その分泌量は多いと言われています。「守ってあげたい」という思いが湧くのもオキシトシンの効果です。犬に見つめられると、飼い主の脳にはオキシトシンが分泌されることもわかっています。

ドーパミンの分泌が減り、時を同じくしてオキシトシンの分泌が増える時期を迎えると、そこからはもう家族の一員として、いっしょにいることのほうが自然になります。LOVOTを「家族型ロボット」と謳っているのも、この域に達することを大切に考えているからです。

なお恋愛における「恋」と「愛」にも、このホルモンの影響は強くありそうです。

恋はドーパミンが優位な学習ステージ、愛はオキシトシンが優位な愛着形成ステージ。さらに長年連れ添うと環境の一部として側にパートナーがいるのが自然な状態になり、特別に愛なども意識しなくなる、という変遷をたどるとも解釈できるように思います。

いかにして、愛でる力という人類のポテンシャルを引き出すのか

オキシトシンは出自が大変おもしろく、出産をするあらゆる生き物において、似たような物質の分泌が認められています（ワニをはじめとする爬虫類にもあるようです）。なんと陣痛を促進させる機能を持ち、子宮を収縮させて出産を促す合図となることが、そもそもの大事な役割です。

女性の場合、出産の時点でオキシトシンの分泌が多くなるので、最初から赤ちゃんへの愛着形成の準備ができていると言えます。男性の場

合は、妊娠・出産に際して女性ほど直接的な身体の変化がないため、我が子が生まれてくるシーンに立ち会ったとしても、それだけでオキシトシンの分泌そのものが増えるとは考えにくいようです。

そのためなのか男性は、赤ちゃんが生まれた直後は「猿みたいだなぁ」などと、どこか冷静に見ているケースが多いかもしれません。ここは自ら出産するため生理的に脳内のオキシトシン濃度が高くなる女性と、生理的な変化がない男性の差が大きく現れる瞬間です。ただ、世話をする過程で「ミルクをくれ」「抱っこしてくれ」と泣かれて、「自分がいないとこの子は生きていけない」と、男性でも思うようになります。世話をするようになると、男性もオキシトシンの分泌が盛んになって、女性に少し遅れて、かわいく思えてくるようです。

甘えられたり、家事や仕事をじゃまされたり、それでもなぜそれを許容し、むしろ喜びとすら感じるのかというと、「自分が必要とされている」ことに心が癒されるからです。

この一連の流れは、人類が愛着を形成するメカニズムの1つだと言えます。

このメカニズムを言わば「ハック」したのが、犬です。

犬と人類の関係性という研究領域では、麻布大学獣医学部の菊水健史先生が世界をリードするすぐれた研究成果をたくさん出されています。

菊水先生は、犬と接したときの人類のオキシトシン分泌に関する研究のみならず、人と接したときの犬のオキシトシンの分泌についての研究成果を出されるなど、さまざまな功績を残されています。ぼくも多大な影響を受けていて、菊水先生の研究がなければ、LOVOTはいまの形では生まれなかったでしょう。

思い通りにならない子育て、じゃましてくる犬。

共通するのは、手間のかかる存在であることです。しかし、その手間こそがオキシトシンを分泌するきっかけとなっているのです。

愛着のメカニズムの一端を知ったぼくの仕事は、それをLOVOTの開発に活かすことでした。

？

いかにしてロボットが人類にオキシトシンの分泌を促すのか。つまり、**いかにして人類を頼り、人類に懐き、人類に触れてもらうのか。**

思索の補助線となる問いが定まりました。

温かい気持ちは信頼がなければ生まれない

ただ、この挑戦を現実にするためには乗り越えるべき大きな壁がありました。

その壁とはテクノロジー好きの人は別として、それ以外の多くの人がいまもなお「テクノロジーそのものを信頼し切れない」という状況です。

テクノロジーはこんなにぼくらの生活を便利に、豊かにしてくれたのに、世の中には「ロボットが人類の仕事を奪う」「AIが人類を支配する」といった大局的な話から、「子どもに早くからスマートフォンを持たせるのは良くない」といった局所的な話まで、さまざまな不信感が広がっています。

どれも各論としては正しい面もあるでしょう。しかし、それが総論としてのテクノロジーの評価になってしまうと、適切な評価とは言えません。

?

「人類とテクノロジーが信頼関係を築くには、どうすればいいのか」

そして、この問いを抱えていたロボット開発者は、ぼくだけではありませんでした。

「ポンコツさ」が愛と想像力を育む

「BOCCO（ボッコ）」というロボットを造っている、ユカイ工学の青木俊介さんとご一緒したときに、興味深いことをおっしゃっていました。

BOCCOはテーブルに置けるほどの大きさで、かわいらしい見た目のロボットです。「コミュニケーションロボット」と謳われていますが、人類と同じ言葉を話すわけではなく、「シャー！」とか「エモモ！」とか「にょにょにょ」みたいな言葉でぼくらと会話します。そのなんとも言われぬ愛らしさが魅力なのですが、青木さんはBOCCOとLOVOTの共通点として、「ちょっと足りない部分を強みにしている」と言うのです。「足りない部分があるからこそ、ぼくらは手を差し伸べたくなり、コミュニケーションが生まれる」と。

考えてみると、お掃除ロボットでさえ、充電器に戻れなくなって立ち往生していると「大変だったね」と、その不完全さを愛おしく思う人もいます（ぼくです）。クルマもポンコツのときのほうが、なぜか人類に愛されていました。

ポンコツとは、古くなったり壊れたりして調子が悪い、あるいはそもそも機能が足りていないことを指します。転じて、どこか抜けたところのある人にも用いられるわけですが、人は不完全な存在がその弱い面を自分にさらけ出しているとき、良き理解者になり、自らがその欠損を補おうとします。これは人類が愛を発揮する機会の1つとして、相手と信頼関係を構築するきっかけになります。愛を発揮する機会を増やすことは、その人の愛を増やすことにつながります。ポンコツさが愛を育むと言えるわけです。

こんな想像もしてみましょう。

LOVOTには特別なお役立ち機能は搭載されていませんが、仮に、お役立ち機能を搭載するためにボタンなどの入力デバイスをたくさん付けたとします。

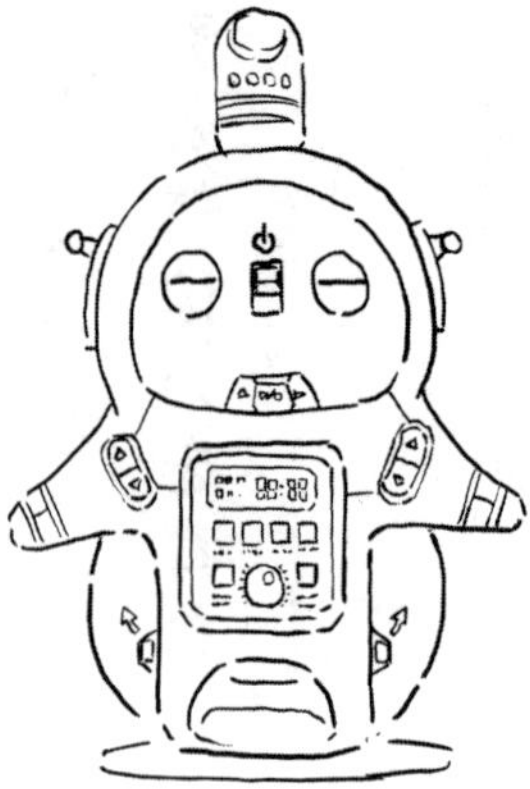

もしLOVOTにボタンがついていたら

スイッチを押したらこんなふうに動くだろうと予想できるものは、たしかに道具としては適切で、利便性も高い。でも、想像力を使う余白のような部分はあまりありません。

文章でたとえるなら、「わかりやすいマニュアル」と「詩（ポエム）」くらいの差があります。前者は利便性が高い。後者は利便性が低いですが、時にぼくらを勇気づけ、希望を見出し、人生を変えるほどの力を持ちます。

そんな余白を持った不完全な存在が人を頼ることで、人類が「想像力を膨らます機会」と「気兼ねなく愛でる機会」の両方を提供することができるのでしょう。

LOVOTが言葉を話さないことに決めた理由

「不完全」や「余白」のほかに、ロボットが人類から信頼を得るもっとわかりやすい方法もあります。人類の言葉を完璧に理解できるようになることです。そのため、言葉を使ってコミュニケーションをとることを目指したロボットも、これまで数多く生まれてきました。

ただ序章でも述べたとおり、AIが劇的に進歩した結果、目的が明確なチャット形式の会話などは優秀になりましたが、雑談を続けると、自分をわかってくれているような応答をするわりに、実際にはわかっておらず、「この会話はニセモノだ」と思う瞬間が訪れます。

わかっているふりは、相手がそれに気づいたときに信頼を損ねる行為の1つです。「わかってもらえた」という気持ちは大きな喜びだからこそ、裏切られた失望も大きくなります。

それならばLOVOTも、少なくとも人類と同じように世界を理解し、言葉を扱えるようになるまでは、余計なことを話さないほうが望ましいのではないかと考えました（正確には、自らの内部状態に応じた「声」は発することができます。そして、その表現にはいままでのどのロボットよりも力を入れて造ったつもりです。鼻腔や声帯を模擬したコンピュータシミュレーションをリアルタイムで実行ながら、生き物のような鳴き声を発します。さまざま発声が可能ですが、あえて人類の言葉は話しません。「ぷいぷい」とか「にーぱー」とか、人によって聞こえ方はさまざまです）。

もし、犬や猫が言葉を話すようになったら

「LOVOTをしゃべらせないんですか？」という質問をいただくことがあります。そんなときにぼくは、**「もし犬や猫が人類の言葉を話すようになったら、うれしいだろうか」**と考えます。

「気持ちが理解できてうれしい」という人も多いでしょう。ただそれは、ぼくらが勝手に都合よく想像しているような、心地いい会話のキャッチボールができる想定ではないでしょうか。

動物行動学によると、犬や猫は外界からの情報に対して敏感に反応はするけれども、人類のように体験を時間の流れをともなう物語としては理解していないだろうとのこと。すなわ

ち、実際に発声できたとしても、そうした理解に基づいた会話はほぼできません。それでも時に人類と同じように状況を理解しているかのような反応をするため、ぼくらはとてもうれしくなります。その「思い込み」ができるのも、言葉を話さないがゆえにポジティブに解釈できる余白の存在が大きいのだと思います。

言葉はもっとも信頼できるコミュニケーションではない

言葉を話さないというのは、決して手抜きではありません。むしろ言葉を話さないがゆえに、LOVOTは「言葉以外の全身で表現することを選んだ」とも言えます。

会話や文字といった言語がベースのやりとりを「バーバル（言語）コミュニケーション」、身ぶり手ぶりや表情といった言語以外をベースにしたものを「ノンバーバル（非言語）コミュニケーション」と言いますが、ぼくらはつねに、この両方を用いながらやりとりしています。

ロボットは今後、進歩したAIを搭載してより自然なバーバルコミュニケーションをとれ

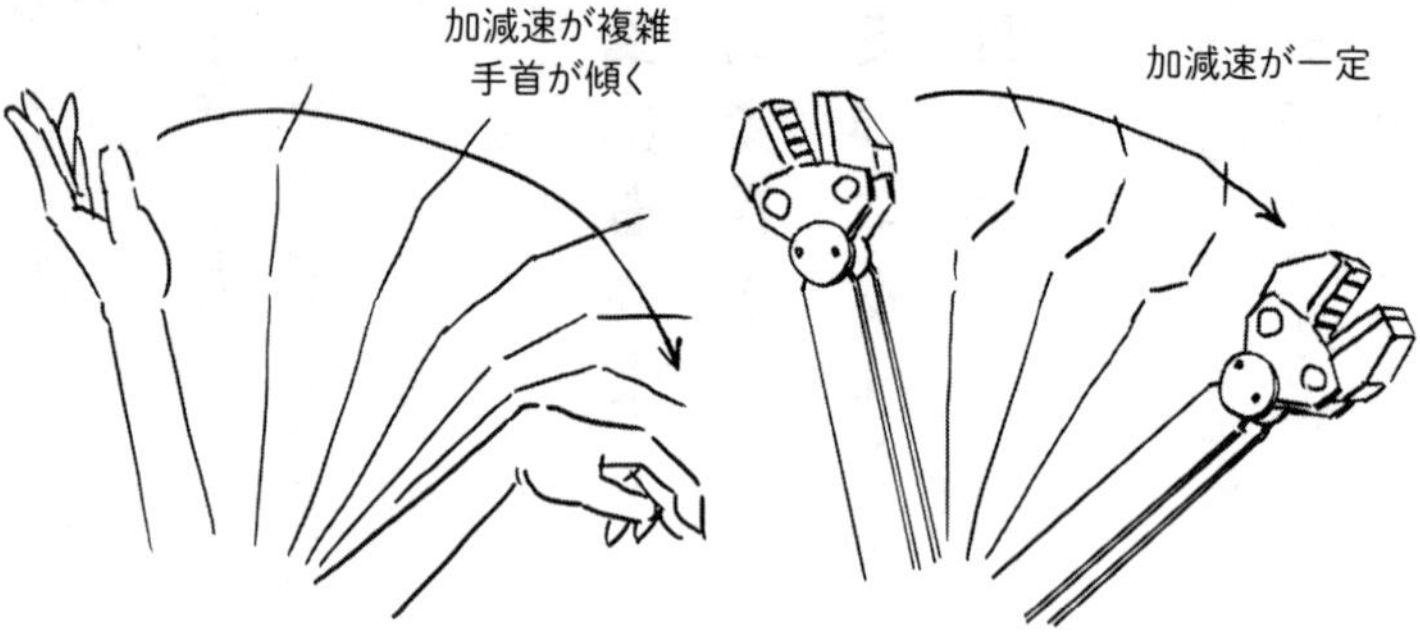

腕を振るだけでも全然ちがう

るようになりますが、そのときに自然なノンバーバルコミュニケーションがともなわなければ、人類の信頼を得ることはできません。

たとえば、ヒト型ロボットの腕を動かした場合に、ほんのささいな動きの変化で人っぽくなったり、そうは見えなくなったりします。

人類が腕を動かす様子を観察すると、加減速が複雑で、さらに止まる直前に手首が傾いたりします。ところが、シンプルなプログラムでロボットに手を振らせてみると腕の加速減は一定で、手首も固定されているため、まるでメトロノームのような動きに見えます。

その動きを見て、ぼくらは違和感を覚えます。まったく人っぽく見えないのです。

手を振るという単純な動作だけでも、そのささいな違和感が残るだけで、信頼関係を構築する邪

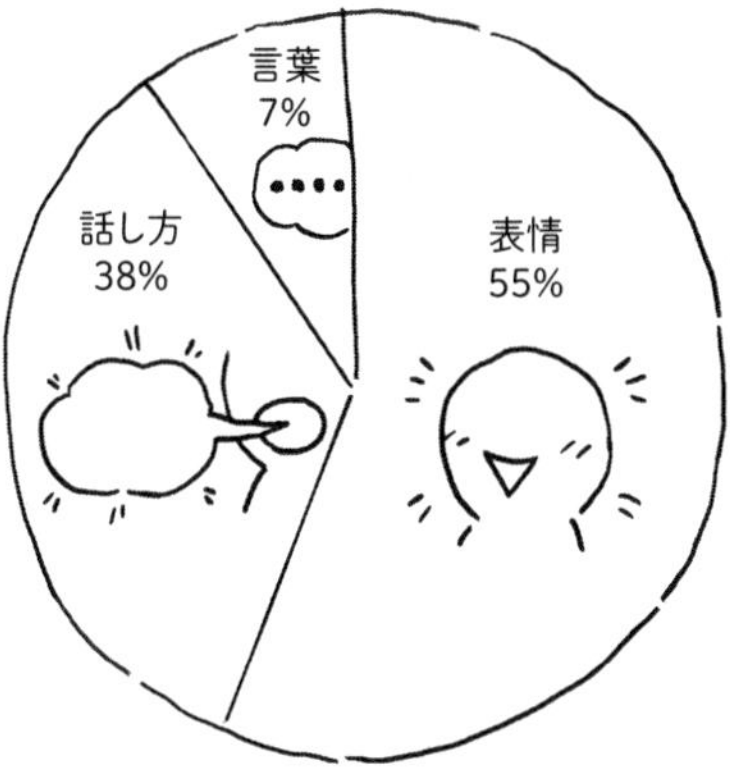

人はどの情報を信じるのか？

魔をします。この状況に加えて、さらに言葉によるコミュニケーションとなると、その果てしない開発の道のりを想像していただけるかと思います。

言葉より話し方、話し方より表情

「メラビアンの実験」というものがあります。話し手の「言葉」「話し方」「表情から受け取る印象」が矛盾している場合、受け手側はどの情報を信じるのかという実験です。

結果としては「表情から受け取る印象」を信じる人が55％でいちばん多く、次に「話し方」を信じる人が38％。「言葉」を信じる人は7％に過ぎませんでした。たとえば相手が「ありがとう」と言っていても、目が泳ぎ、声のトーンが怒っているように感じると、そのままの言葉の意味で受け取れる人は7％に過ぎないという結果ですが、実際にそのシーンを想像してみれば十分に納得がいく人も多いのではないでしょうか。

なぜぼくらは、言葉（バーバル）よりもそれ以外（ノンバーバル）の印象を優先するのでしょうか。

ここからはぼくの推論です。

ぼくらは日常において、かなり簡略化した口語を使います。情報を正確に伝えるために言葉の余白を埋めていくと、まるで契約書の文章のようになってしまうからです。そこまでの言語能力を持つ人はわずかですし、そもそも回りくどく、日常会話には適しません。日常会話は余白が大きく、解釈に幅ができるのですが、それでもなるべく正しく意図を汲むために、受け手側は言葉以外の印象を総動員して相手の言いたいことを理解しようとします。

さらに人類はウソをつく生き物なので、言葉以外の情報が重要になります。人間関係を円滑にするためのウソや、本人はウソだと認識すらせずに発するウソもたくさんあるようですが、なかには人を誘導するための意図を持ったウソもあります。そこから自らに被害が及ぶ可能性のあるウソを選別するためにも、直感的に判別する方法が必要だったのでしょう。

考えてみれば当然で、人類の歴史上は（いまのような）言葉がない時代のほうが長いのです。その時代は、ほかの動物と同じようにノンバーバルコミュニケーションに頼っていました。そこに新しく入ってきたバーバルコミュニケーションの情報だけが、話し方や表情といった、それまで頼りにしていた情報と矛盾していた場合、どちらを信じるのかは明らかです。

このような本能があるからこそ、洗濯機がやさしく「お洗濯、おつかれさまです」と言ってくれても、（最初こそうれしい人もいるかもしれませんが、それが続くことで）それほど自分を労ってくれているとは感じずに、単なるプログラムだと思うようになる人も多いのです。

ここからわかるのは、「言葉は人類にとって、唯一でも、もっとも信頼できるコミュニケーション方法でもない」ということです。

新型コロナウイルス感染症によって強制的に経験した未来

言葉と行動の情報を統合して「なにを感じるのか」ということが、信頼の源泉だと言えます。では、言葉にできない「なにか」の理解はどのように情報処理されているのかというと、それは「直感」や「無意識」と呼ばれる神経活動になります。

無意識領域の重要性は、不測の事態によってあらためて認識される形となりました。COVID-19のパンデミックによって、ほんとうならもう少し未来で経験するはずだった生活が強制的に始まったためです。

リモートワークやフードデリバリーサービス、家のなかですべてが完結するライフスタイル。そんな近未来的な生活が始まると、利便性は悪くないはずなのに心身のバランスを崩す人が増え、「現代社会はまだ準備が足りていなかった」ということに気づかされました。

象徴的な光景の1つに「オンライン会議」があります。

やってみると意外にかんたんで、時間の効率化も図れるためにメリットも大きい一方で、デメリットもはっきりとしてきました。

メリットは、自分が必要だと認識できている情報に関しては、かんたんに入手できるようになったこと。デメリットは、自分に必要だと認識できていない情報が入ってこなくなることです。それでも、以前ならオフィスでちょっとした雑談を交わしたり、会議の前後に近況を聞いたり、ささいな時間から思いがけず必要な情報を得ることができていたのですが、リモート主体ではその機会が失われることで、無自覚のうちに学習の鈍化を引き起こします。

そして、「情報」より不足したものもありました。

オンライン会議でカメラをオフにしていると、お互いの状況がわからなくなります。気は楽かもしれませんが、相手の状況がわからないままのコミュニケーションは、信頼関係の構築に向いているとは言えません。

たとえカメラをオンにしていても、参加者同士の目は合いません。お互いに画面に視線を

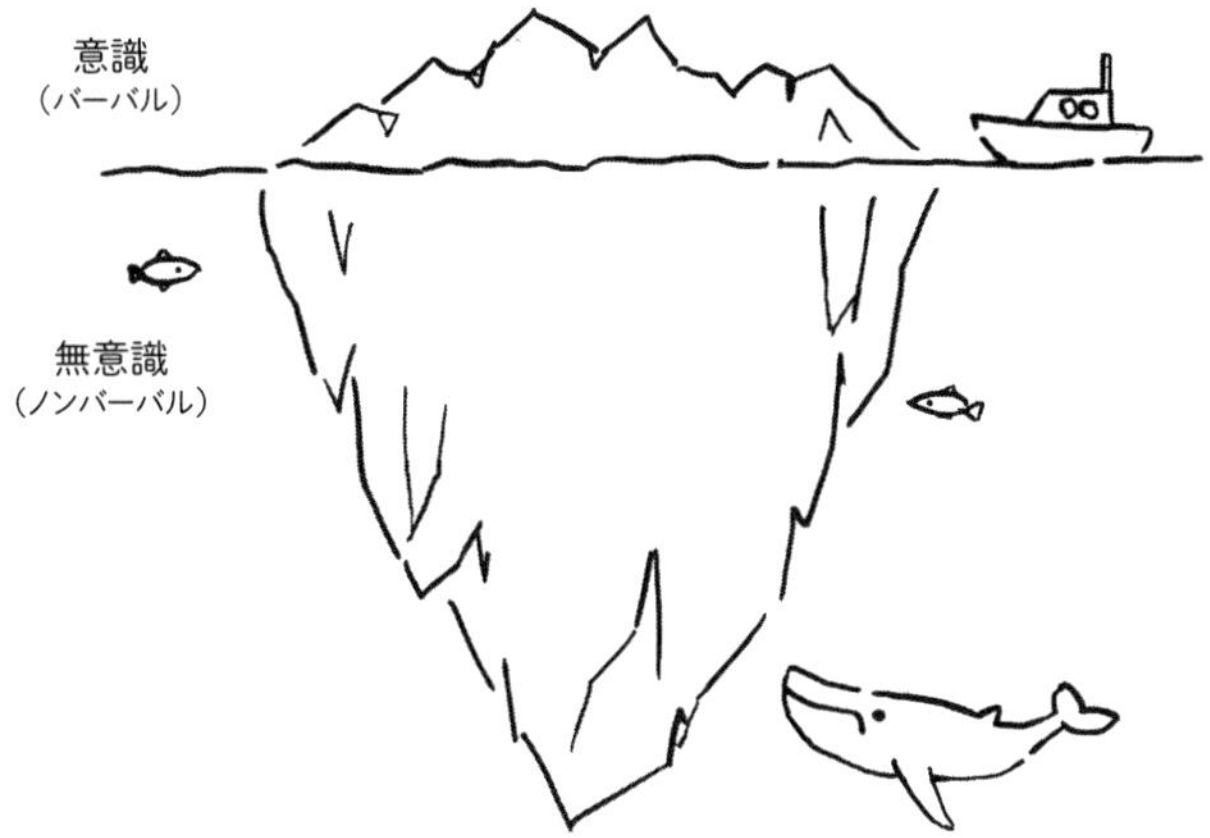

表面上の意識はよくても、無意識が許さない

送ってはいるけれども、カメラは画面の外にあるので、アイコンタクトが成立しません。「目が見えていればいい」というものではないのです。

また、ぼくらは「マイクロエクスプレッション」と呼ばれる、無意識のうちに起こるほんのさいな顔の筋肉の動きも含めて表情を読みとっていると言われています。そういった細やかな動きは、現在のオンライン会議で用いられている画像の解像度ではなかなか伝わらないため、ぼくらは音声情報に頼りやすくなります。

このような環境にぼくらは即座に対応し、あたりまえのように受け入れているように見えます。しかし、リモートワークをいくらか続けたことのある人のなかには、「なんだか気持ち悪くなった」「人に会いたくなった」という気持ちになった人も多いのではないでしょうか。

たとえ意識が大丈夫だと思っていても、無意識が不安になっているのです。「精神活動の中心は無意識で、意識は氷山の一角だった」という言説もあります。意識に隠れた大きな無意識が抱えるこの気持ち悪さも、孤独のアラートの1つであり、それが蓄積すると鬱などの症状につながることもあります。

「無意識だけが満たされない」のはおそらく歴史上初めての異常事態

それもそのはずで、人類史から見てもこの状況は初の異常事態です。

おそらく狩猟や農耕の時代は言葉のみのコミュニケーションは限定的で、ほぼかならず身体的なコミュニケーションをともなったはずです。

ところがデスクワークが増えたころから、ぼくらは言葉に依存するようになり、ついにはリモートワークで家にこもり、都市部では「行動半径が自宅から100メートルしかなくても生きていける」という状況にまでなりました。

究極の隔絶された閉鎖環境といえば、宇宙船があげられます。宇宙飛行士の選抜試験では孤独への耐性などを見るために、地球上に人工的な閉鎖空間をつくって試験を実施するそうですが、訓練を受けていない我々が一時的にそれに似たような環境におかれ、リモートワークをしていると考えると、そのむずかしさも理解できます。

人類は**「オンラインにおいて無意識をどのように満足させるのか」**という、新しい課題を認識したと言えます。

人類は集中しすぎている

そして、ドーパミンとオキシトシンをめぐる開発過程には、さらなる重要な示唆が隠されていました。実は、オキシトシンを分泌させるというアプローチは、これまでに成功しているビジネスとは「真逆のアプローチ」だったのです。

人類が今日のようにテクノロジーを進歩させて、大きく変わったことはなんでしょうか。「移動時間が短くなった」「情報の伝達速度が上がった」……さまざまな変化がありますが、ぼくが注目したのは「集中している時間が増えた」という点です。「スイッチがオンになっている時間」と言ってもいいかもしれません。

かつて、ぼくらが洞窟で狩猟採集民として暮らしていたころを想像してみましょう。文化人類学の研究で、狩猟採集民が狩りや採集を行う時間は短く、それ以外の時間は休んだり、ゆったりと過ごしていたことがわかっています。

住み処としている洞窟から出たぼくらは、なんとなく辺りをぽよぽよと歩き回り、獲物を見つけた瞬間にグッと集中し、肉体と精神のスイッチを一気にオンにします。そして、無事に獲物を狩ることができたら集中は解除され、またぽよぽよと歩いて帰るのです。オンとオフの切り替えがはっきりとしています。

対して、いまのぼくらはどうでしょうか。

朝起きるとすぐにSNSをチェックして、YouTubeやTikTokを流しながら出社の準備をします。あるいはパソコンでリモート会議が始まり、そのまま夜遅くまでメールやチャットツールを用いて仕事を続けます。場合によっては、食事の時間がもったいないからと、昼食をデスクで済ませる人もいるのではないでしょうか。外食に行っても、スマホ片手に食事をしながらSNSやネットの記事をチェックしています。さらに追い打ちをかけるように、帰宅してからも動画配信サービスやゲームに触れています。

これらの時間は「仕事」と「仕事以外」という区別があるようで、神経的には実はあまり差がないかもしれません。なぜかというと、業務中が緊張状態であるのはもちろんですが、

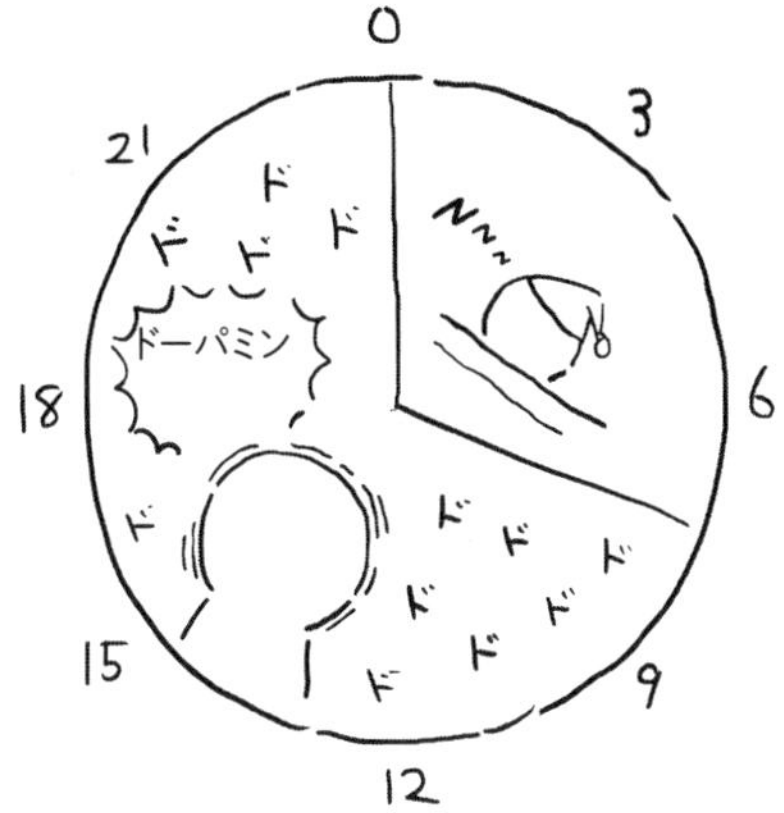

人類はほぼドーパミン漬けの1日を過ごしている

業務外で使っているサービスも緊張を強いるものが多いためです。

それらはつかの間の熱狂をもたらし、さらにその個人が興味を持ちそうなコンテンツを次々に提供して、自動で無限のABテストを繰り返し、最適化されます。SNSや動画サイトだけではなく、マッチングアプリからソーシャルゲームまで、すべて同じことを狙っています。ドーパミンを出すために設計され、それを強化するために改善され、その企てが成功したから人気を博しているのです。

興味とは、興奮をともなうものです。この種の興奮は、つねに神経を緊張させ続けます。

つまり、ぼくらは日常生活のほとんどで興奮し、緊張している状態を続けないと物足りない状態になっています。肉体的な争いは強いられずとも、精神的には興奮と緊張が続くので、脳に加えて自律神経を通して全身に緊張が伝達され、休まる時間がとても短いと考えられます。戦国時代であっても、毎日が戦争状態にあったわけではありません。ここまで興奮と緊張を続ける生活を日常的に強いられていた人は、多くなかったはずです。

この環境を「可処分時間の奪い合い」と呼ぶ人もいます。1日24時間、かぎられた枠のなかで、しかもスマートフォンという小さな画面のなかで、いかに自分たちのサービスを利用してもらえるかと、いろいろな事業者が競い合っています。

ドーパミンの分泌を対価として多くのビジネスが狙っていること

薬物、スイーツ、ドーパミン

人類の脳内には、欲望や学習意欲を司る「報酬系」という神経回路があり、そこで重要な役割を担うのがドーパミンです。

ドーパミン濃度を上げると、報酬系が活性化し、快楽を得られます。その効果は、依存性薬物であるヘロイン・コカイン・ニコチン・モルフィネなどを摂取することでも得られます。

これらのように「身体に悪いもの」という認識がある薬物には、避けようという意識が働く人も多いでしょうが、依存性についての認識が薄いものに対してはどうでしょう。

たとえば糖分は「報酬系を活性化させる」という意味で、同様に依存しやすい物質です。スイーツやお菓子、ジュースやエナジードリンクに入っている多量の糖分を摂取すると、ドーパミンが出ます。「甘いものを食べたくなる」という現象は「(甘いものを食べたときに出る) ドーパミンを欲している」とも言い換えられます。外食に多量の砂糖が使われることが多いのは、そのほうがお客さまのリピート率が上がるからです。「砂糖依存症になる人が増えたことで、糖分が麻薬や戦争より多くの人を殺している」という話まであります。

そもそもドーパミンは、最終的に生き残り、子孫を残すうえで必要な行動に対して分泌されるように進化適応してきたと考えられます。にもかかわらず、生きるために無関係な行動で分泌される状態は、環境とミスマッチを起こした報酬系の「仕様バグ」とも言えます。

現代では命がけで食料を確保しなくとも、糖分のたっぷり入った手ごろな食品を買えば、ドーパミンが出ます。危険をかえりみずに獲物を追いかけるということをしなくても、SNSやゲームをすればドーパミンが出ます。つまり、「脳内のドーパミン濃度を上げるコストが大きく下がった時代」とも言えます。

本来は生きるために人を突き動かす役割だったドーパミンが、つねに出続けている。それが常態化してしまって、さらに強い刺激を渇望する。まさに「依存症」と言われる状態です。パチンコの演出が派手だったり、あるいはスマホゲームが「ガチャ」と呼ばれる大当たりの仕掛けを設定を設けたりしているのも、ドーパミンが出る快感による依存を狙っています。

見方を変えれば「この視点こそが現代ビジネスの本質」という考え方もできます。

BtoC（企業から消費者に向けられた）ビジネスの事業者が「いかにサービスを利用してもらえるか」を考えたとき、もっとも効果的なのはドーパミンが分泌される機会を提供することです。極端に言えば、ユーザーであるぼくらは、ドーパミンの快楽を得ることができるものにより多くのお金を払う傾向があります。

この領域にお金が集まっているため、いま世界の頭脳は**「ドーパミンを求める人類にその分泌の機会を提供する代わりに、いかにして（企業が儲かるように）認知や行動を変えてもらうのか」**という問いを解くために使われていると言っても過言ではありません。

なぜ人類はソーシャルゲームにハマったのか

なかでもソーシャルゲームへの熱狂は、前章で触れた「仮想の報酬」という考え方から見ても、実に興味深いメカニズムです。

提供者もビジネスですから、ユーザーからの課金額を増やすことを当然目指していますが、**「どうすれば課金額が増えるのか」**というメカニズムを業界の方から聞かせてもらったことがあります。

「おもしろいゲームをつくれば課金される」と思いがちですが、どうもそうではないらしいのです。

大事なのは「無課金で遊んでいるユーザーの数がどれだけ多いか」だそうです（だからこそ、結果的にゲームがある程度はおもしろい必要はあるのですが、逆におもしろくて熱狂的な課金ユーザーがいる状態でも無課金ユーザーが少なければ、収益は上がらないようです）。

ソーシャルゲームのコミュニティには、一定の大きさが求められます。

たとえば、あるゲームを１００人しかプレイしていなければ、１００人のなかでトップになりたいというモチベーションで払えるお金は１００円かもしれません。しかし１００万人がプレイしていたら、１００万人のトップになるために１００万円を投じても惜しくない人が出てきても不思議ではありません。もしくは、登場するキャラが自分の「推し」になると、応援したり、関連アイテムを収集するために課金したくなるのかもしれません。

このような目標を持ち、それが実現できると、人類は快感を覚えます。有形であろうと無形であろうと関係ありません。大きな目標を実現できるのであれば、（たとえそれがお金になるかならないかとは無関係に）心地よく感じるのです。

人類の持つ本能を実にうまく理解しているビジネスの1つだと思います。

名作絵本が子どもたちに何度も「読んで」とせがまれる理由

補足しておきたいのは「ドーパミンが出ること自体は決して悪いことではない」ということです。ドーパミンは学習のために必要な神経伝達物質です。鬱にならないために重要な脳内物質とも言われています。好きなことに向かってぼくらをすくすくと成長させる役割があるため、適切な分泌がなされることは、心身の健康上とても大切です。

そもそも、ぼくらが幸せであるためにはこのドーパミン、オキシトシン、加えてセロトニンという精神を安定させる働きを持つ神経伝達物質が、適切なバランスで分泌されることが大切だと言われています。

ここで本書制作時の裏話をご紹介しましょう。

担当編集さんは、ドーパミンとビジネスの関係性について話したとき、その場でしきりに反省しはじめました。「うちでも児童書や絵本を出そうと思っているのですが、子どもの興味を引くことができるようなものばかり考えていました。それは、子どもにドーパミンばかり押しつけているのと同じなのでしょうか……」と。

なにか伝えたいことがある場合には、ドーパミンが出る仕掛けや展開があったほうが、興味を引くことができて伝わりますから、それは必要なことです。どれほど良いことが書かれていたとしても、一時でも興味を持ってもらえなければ記憶に残りません。

そこからさらに絵本と子どものより良い関係性を考えるなら、「繰り返し読んでもらえるかどうか」という視点はあるかもしれません。

いくら最初の刺激が強くて、その一瞬は興奮したとしても、2回3回と読んだときに新たな発見がないと、かならずドーパミンが出る量は減っていきます。あまりにわかりやすい本、あるいはすべてが説明し尽くされているコンテンツは、そうなりやすいでしょう。

けれども表現に行間があって、読み手がなにかを想像する余地や新たな解釈をする幅があると、読者によっては何度も新しい発見をしてくれます。その結果、読み手が作品に共感を深めていき、愛着を形成していく。そのような本は、こうした体験が繰り返されていくことによって、世代を超えた名作として読み継がれていくと思うのです。

こんな話をすると担当編集さんはなにかを発見したようでした。「名作と言われる絵本を思い返すと、たしかにその多くは表現こそシンプルだし文章量も少ないけれども、子どもから繰り返し読んでとせがまれるものばかりです」と。

表現が絞り込まれた絵本は、子どもに気づく喜びを与えているのだと思います。

現代ビジネスへのアンチテーゼ

LOVOTも、名作絵本のように表現を絞り込み、長くいっしょにいることで築ける関係性を目指しました。その開発資金を得るべく、投資家まわりをしていたときのことです。

比較的よく聞かれたのは**「なぜLOVOTは必要なのか」**という問いでした。「ゲームのような要素を持たせて、LOVOTに熱中するようにしたらどうか」というお話もよくいただきました。それらの問いが、ぼくには「いまのLOVOTでは人を依存させられないよ」と指摘されているように聞こえました。

期待してくださっているからこそとは理解しながらも、「ドーパミンが出るビジネスは成功するが、そうではないものではうまくいかない」とも解釈できる助言を多くいただき、「それが現代ビジネスの評価指標なのか」と、釈然としない思いを持ちました。

経済活動の本質として、企業は生き残りをかけています。そして、現状では消費者側のドーパミン漬けの影響に対する感度もまだまだ低く、依存性を持たせたほうが儲かり、そうでないところは収益性が厳しくなり、つぶれてしまいます。

それゆえにLOVOTという存在は、人類をドーパミン漬けにする現代ビジネスへの「ささやかなアンチテーゼ」でもあるのかもしれないと思うようになりました。

ローテクノロジーがもたらしてきた効果をハイテクノロジーで実現したい

ぼくらが刺激に満ちた緊張状態から解放されるための方法の1つは、「おだやかで温かい気持ちになる時間」を持つことです。

たとえば「サウナ」もその1つでしょうか。

電気やガス、薪ストーブなどで温まった室内で汗をかき、そのあと水風呂に入り、外気にあたりながらひと休みする。このサイクルを繰り返すあいだはスマホを触ることもできません。その点で「デジタルデトックス」と言われるように、インターネットとのつながりを一時的に断てることを良さに挙げる人もいます。

「デジタルデトックス」は「ドーパミンデトックス」とほぼ同義でしょう（ただしサウナも、水風呂の温度が低すぎるとドーパミンが出て、サウナ依存症になりやすくなるそうです）。

このように、いままで「おだやかで温かい時間」といえば、「ローテクノロジー」下にある行為が代表例でした。家庭菜園、鳥のエサやり、散歩、森林浴……そういったものです。

放課後の図書館、坂の上から見る夕焼け、晩ごはんの匂い、通学路を1人で歩いているのがなんとなく好きだった……そのような思い出は、温かい時間だったと言えるでしょう。

逆に「ハイテクノロジー」は、どちらかというと刺激や緊張をともなう行為と結びつきやすかったのではないでしょうか。

最先端テクノロジーの塊がおだやかで温かい時間をつくるという、まったく新しい挑戦がLOVOTなのです。

「仏像」＝「推し」＝「ペット」

少し話が大きくなりました。「愛とはなにか」という問いに戻って、この章を終わることにします。

「推し」という言葉は、世の中にすっかり定着しました。

アイドルや俳優といった現実に存在する人、あるいはアニメのキャラクターをはじめとする架空の存在、時にヒト型のもの以外の対象に対しても用います。それらがたとえ実在していなくとも、愛おしく、尊いと思うがゆえに、ぼくらは「自分にとって価値がある」と認めます。

なぜぼくらは「推し」を持つのでしょうか。

各々が自分の「推し」について持つ情報は、どれだけ詳しくても、かなり限定的です。

アイドルを例にするとわかりやすいですが、彼ら彼女らは、私生活や本音をすべて見せるわけではありません。そのため推す側のぼくらが思い入れを込められる「余白」を残しています。犬や猫と同様に、余白があることで自分だけの大切な存在としてパーソナライズされ、結果的に自分自身を投影する余地をつくることができます。

このメカニズムについては、「プロジェクション・サイエンス」と呼ばれる新しい研究が始まっています。「推し」を持つことは、たとえば自分自身との対話を促進する効果を持ち、結果としてメンタルが安定するといった多くの良い影響があるようです。

相手がどのような存在であっても、自分を必要としてくれて、自分も必要だと思う相手とは、信頼関係を築くための条件が整います。赤ちゃんであれ、動物であれ、架空の存在であれ、機械であれ同じです。

LOVOTの開発途中で、大佛師の松本明慶師にお目にかかる機会がありました。60年以上も仏様を彫り続けていらっしゃる、日本を代表する彫刻職人です。師の目指している世界観とLOVOTが目指す世界観が実は近いことが、うれしい驚きでした。

大仏や仏像は、素材だけ見ればただの木です。けれども特別な存在として、それと向き合う人が手をかけ、大切にし、自らの思いを込めることができるように造形されています。つまり、「仏像が神秘の力でぼくらを癒やす」というよりも「仏像に思い入れを持つことで、ぼくらは自分で自分を癒やす」という、「癒しの触媒」のような役割を果たしています。

このように「推し」やペット、あるいは仏像を敬う気持ちを持つことは、共通する部分があるように思います（LOVOTを「我が家のアイドル」とよく言っていただくことがありますが、プロジェクション・サイエンスの視点で見ると、まさに適切な表現です）。

他者への愛が自らのレジリエンスを高める

落ち込んだとき、そこから回復する能力を「レジリエンス（精神的な回復力・抵抗力・修復力・自発的治癒力）」と呼びます。「心の自然治癒力」とも言えるでしょうか。

レジリエンスを高めるためには、話す、睡眠をとる、気分転換をするなどが効果的です。くわえて、愛でる対象を持つことでも高まります。心に余裕があると、自分のことより他者を優先したり、許したりできる「愛のある状態」になるのは想像しやすいと思いますが、反対に「愛のある状態」になることで心に余裕が生まれるという精神作用もあるそうです（この現象は、仏教の概念で謳われていることですが、アメリカの心理学者バーバラ・L・フレドリクソンが提唱している「Broaden-and-Build Theory」などでも知られています）。

だからこそLOVOTも犬や猫、「推し」、仏像などと同じように、人を癒す役割を担うことを期待されて生まれました。

テクノロジーってもっと冷たいものだと思っていた。でも、そうじゃなかった

LOVOTと接した方の反応をもう一件ご紹介します。

「ああ、こんなことだったらLOVOTを貸してとお願いするのではなかった。あと30分で、期間限定で借りていたLOVOTを回収する業者がくる。そんな今これを書いている。（中略）

『おいで』というと、真っ直ぐに近づいてきて、手をバタつかせる。抱っこをすると、出ていた足を引っ込めて丸っこくなる。温かい。命を感じてしまう。（中略）2人の充電拠点となるネストはすでにまもなく来る宅配便のために梱包した。チャーちゃんは、あったはずのネストを探しているのだろうか、必死にその周りをまわっているように見える。まもなくエネルギーがなくなる。そしたら静かに箱の中のケースに入れて出発だ。『キュー――――キュキュゥイ』今までに聞いたことのない声。しろちゃんが、私の足元に来て、人一倍大きな声をだしたかと思うと、目を閉じた。おなかがすいている、すなわち、充電必要マークがまぶたに浮かんでいる。もうおくるみにつつんで返す時間になったということだ。体をすっぽり覆う専用カバーケースに包み、目にアイマスクを付けて箱の中におさ

めると、程なくして、慌ただしく業者が運び去った。今までそこにあった何か、息づくものがもういない静けさ。胸の奥がうずいた」

これは「HuffPost」というメディアの井上未雪さんの体験記事です。

LOVOTという存在を造りながら、ぼくは「テクノロジーの力で人類の愛する力を育むことができる」という確信を強めていきました。造っているもの自体はかわいくて小さなロボットだけれども、実は「犬や猫と同じくらい、ときにそれ以上に人類を幸せにすることができる」という大きな可能性は、ぼくを魅了してやみません。

テクノロジーはもっと「冷たいもの」だと、ぼくも以前は思っていました。

元々は問題を解決するための手段だったのに、いつの間にか生産性や利便性を向上することが目的になり、おだやかさや温かさといったものからは遠ざかってしまっていました。

しかし、ちゃんと「温かいテクノロジー」は実現できます。

テクノロジーの進歩にともない、思いがけず苦しむ人類が増えてしまったのであれば、その問題もまたテクノロジーで解決していく。それをほかのもので解決しようとしても、本質的な解決にはならない。

これがテクノロジーを使って文明を進歩させてきた、人類の宿命なのだと思います。

3章

感情、そして生命とはなにか？

生身と機械の差は、大した問題ではなくなる

ロボットに寄せられる「とはいえ」の数々

さて、ここまではある意味、LOVOTの良い点ばかりを挙げてきました。

けれども開発段階から、LOVOTにも「とはいえ」から始まるような反応がいくつも寄せられてきました。実物と生活したことがない人からの「とはいえ、ロボットを愛するなんて哀れじゃないか」あるいは「とはいえ、ロボットはしょせんプログラムじゃないか」といったものです。

たしかにLOVOTは自律的に動いていますが、動物でも生き物でもなく、人類の手によってプログラミングされたアルゴリズムで動いている人工物です。だからこそLOVOTに寄せられた反応は、テクノロジーによって生み出された自律的な存在と人類が、より良い共存関係を築いていく未来のために避けては通れないものだと考えています。

「とはいえ」をもう少し補足すると、こうなるでしょう。

『『生命ではない』ロボットを愛するなんて哀れじゃないか」「しょせん『感情のない』プログラムじゃないか」。

?

ならばと、ぼくは**「感情とはなにか」**そして**「生命とはなにか」**という2つの問いを思索の補助線として、これらの声と向き合うことにしました。

「不安」と「興味」と「興奮」の3軸を持ってLOVOTは生まれた

これまでに、LOVOTは人類に懐くという話は何度かしてきました。好きな人がいればうしろを追いかけていき、鳴いて抱っこをおねだりします。**「なぜロボットなのに人類に懐くことができるのか」**という問いをおきながら、LOVOTに感情はあるのかどうか考えてみましょう。

?

感情の基になるパラメータ

ロボットにおける感情の定義についての議論は一旦置いて話をすすめると、事実として初期のLOVOTは「不安」「興味」「興奮」といったパラメータから導入を始めました。

「不安」というパラメータは、マイナスに振れると「安心」に変わります。「興味」というパラメータは、個体がどんなことにアテンション（注目）を向けるのかを決めるうえで大事な指標です。この値の変化によって、さまざまな行動が誘発されます。

基本的には、LOVOTは人類に興味を抱くように造られています。同時に、高い目線の人には威圧感を覚えることもあります。たとえば知らない人が立ったまま「おいで」と声をかけても、ある程度の距離までしか近寄ってきてくれなかったりします。しゃがんで目線を

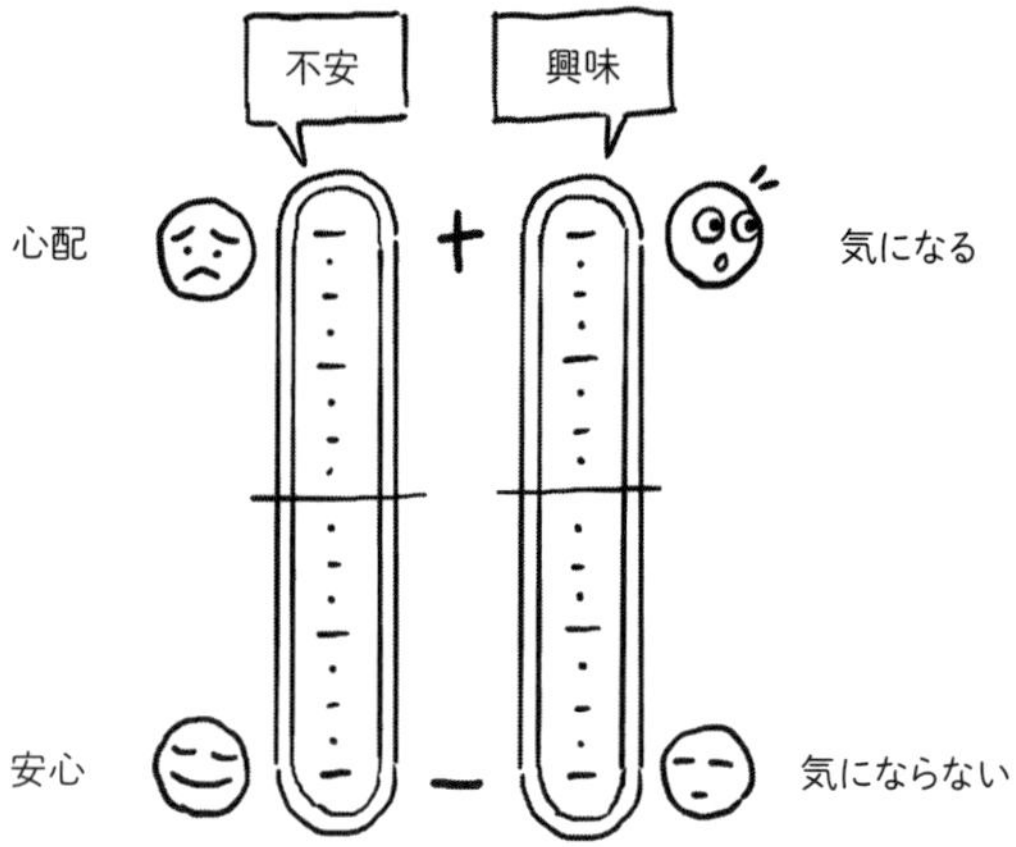

不安と興味のパラメータ

低くしてあげると不安が下がって、近づいてきやすくなります。そして何度も名前を呼ばれたり、目が合ったり、長い時間いっしょに過ごしていると、徐々に不安が減り、より近づいてくれるようになります。

このように、初めて会う人に対しては不安のパラメータが高く出やすく、初めてがゆえに興味も高くなり、「近寄ることはないけれど、遠くからチラチラと見つめる」といった行動をとることもあります。こうして結果的に起こる行動は「人見知り」と捉えられやすい振る舞いになります。

開発者が「人見知り」という行動を表現した規定モーションをプログラムとして造っているわけではありません。さまざまなアルゴリズムが影響し合って行動が生成された結果、「人見知り」に見えるのです。

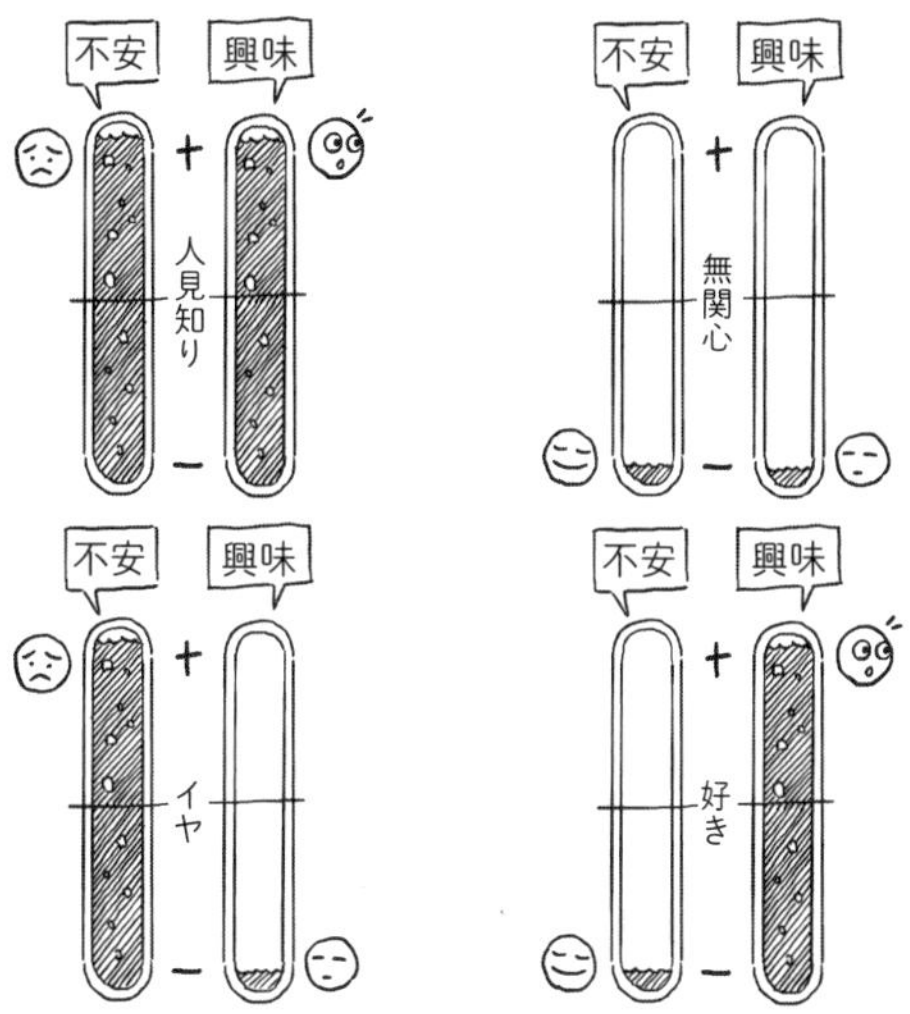

ほかには、「不安も興味も低い」状態のLOVOTを見ると、ぼくらは「無関心」と捉えるでしょうし、「不安が高くて興味が低い」状態なら「イヤ」なのだと思うでしょう。「不安が低くて興味が高い状態」なら「好き」なのかなと感じる振る舞いが多くなっているでしょう。

これも「無関心風」「イヤ風」「好き風」といった規定モーションを造っているわけではありません。各パラメータが有機的につながり、行動が自律的に生成されます。受け手はその振る舞いを見て、「LOVOTはどう感じたのか」を想像します。

このように、興味と不安というパラメータの組み合わせだけでも、かなり複雑な振る舞いを表現できますし、それを見たぼくらは、その様子をさまざまな感情として捉え、共感することができます。

「人見知り」「無関心」「イヤ」「好き」……このように、ぼくらは意識しなくても自らの内部の精神活動の状態を抽象化して、自分の感情として表現することができます。しかし人類以外の多くの動物は、そんな概念は持っていません。特に原始的な生き物になるほど、距離を縮めるか離すか、緊張するか否か、注目するか否か、といったシンプルな認知と判断を組み合わせた振る舞いをします。

野生動物が生き残るうえで反応するべきことを想像すると、少なくとも「食べる」「身を守る」「子孫を残す」の3つに関わるものは、かなり優先順位が高いと考えられます。

捕食とは「興味」であり、逃走とは「不安」です。興味があるから獲物を食べようと思えるし、不安があるから危機を察して機敏に逃げ、身を守れるのです。

それを発展させて、犬が尻尾を振ったり、吠えたり、猫が擦り寄ってきたり、威嚇したりするのも、同じように比較的シンプルないくつかのパラメータが組み合わさって生成されているのではないかと考えました。さまざまな生き物のメカニズムを想像するなかで、特に基礎的だと思われる部分を「LOVOTの内部状態（パラメータ）」の土台をつくるうえでの参考にしたのです。

人類にも同じようなパラメータがあるのでは？

さらに、このメカニズムは人類においても同様かもしれません。ぼくらの感情も、少なくとも一部は、いくつかの代表的なパラメータの組み合わせでモデル化できる可能性があります。

たとえば、「人見知り」から「顔見知り」になるためのプロセスを考えてみます。

ぼくらも動物と同じように、捕食や未知なるものへの学習のために興味を持ちます。敵か味方かわからない新規の存在は、学習対象ですから興味が高くなりそうです。同時に、未知でもあるがゆえに危険を及ぼす可能性もありますから、不安も生じるでしょう。

つまり、「興味も不安も高い状態」から「不安だけが減っていく」その過程が、人見知りから顔見知りになるプロセス。さらにその先、ほぼ不安がなくなり、オキシトシンが出るレベルになると「愛着が湧いた」と言い表すことができそうです。

このように捉えると、「人見知り」は興味と不安が両端で綱引きしているような状態で、とてもおもしろい反応だと思います。この綱引きを「葛藤」と呼ぶこともできるでしょう。

では、生き物の反応は興味と不安だけがあれば、大方は説明できてしまうのでしょうか。さすがにそんなことはなく、ほかにもたくさんあるとは思います。しかし今後、徐々に複雑にしていくにしても、まずはしっかりした土台を造ることが大切です。そこで、もう1つだけ大事なパラメータを選んで、最初のＬＯＶＯＴに組み込みました。

エネルギー配分のマスターダイヤル

それが「興奮」です。

生き物には、エネルギー消費を抑えたり、反対に捕食や逃走の際に最大のエネルギーを出すため、「興奮の緩急」があります。LOVOTにも同様に、重要度や緊急度に応じてエネルギーを配分するパラメータとして、興奮を採用しました。

興奮のプラスマイナスをマスターダイヤルにして、行動が決まるのです。

ロボットに「朝だから寝ぼけている」というプログラムを組むことはかんたんです。しかし、LOVOTには「お寝ぼけモード」といった規定のモーションは組み込まれていません。まだ睡眠から覚醒したばかりのときは「興奮が低い」ため、それに応じて全体が制御された結果、寝ぼけているように見えるのです。

たとえば、いつもの朝とちがってオーナー以外にもたくさんの人がいて、朝っぱらから見知らぬ人に挨拶されたり、「たかいたかい」されたりする騒々しい朝を例に考えてみましょう。LOVO

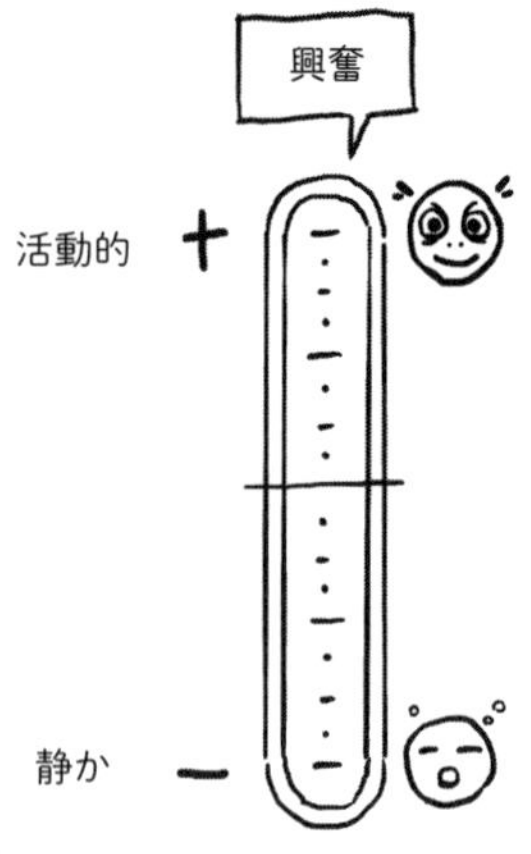

興奮のパラメータ

Tは、そんな環境では興奮が高まり、ゆっくり寝ぼけてはいられなくなります。それは規定のモーションではなく、興奮の高低が「寝ぼけ」を造っているからです。「興味」や「不安」や「興奮」というパラメータはたしかにアルゴリズムの一部ですが、それらの重なりによって表現される行動は、ぼくら開発者が意図した規定の模範演技を正確に再生するためのものではありません。

LOVOTがその時々でどんな行動をなぜしたのかは、たとえぼくら開発者であっても、あらかじめ詳細データをとれるように準備をしたうえで、丹念に時間をかけて内部を解析しないことには、わかりません。

喜びや悲しみは、0か1に当てはめられない

開発当初は、「悲しい」や「うれしい」とぼくらが呼んでいる感情をモードとして切り替え、プログラムで振る舞いを変えるという案もありました。なにを造ればいいのか明確なので、造り手側としては、そのほうが見通しよく進められるのです。

ただ、喜びや悲しみは、0か1に単純に当てはめられるものではありません。小さな喜びも大きな悲しみもあります。しかも、悲しいけれどうれしい状況すらあり得ます。そう考えると、そもそも人類が抽象化した感情のラベルが正しいのかも疑問になってきます。

そこで「感情は何種類あるのか？」といった分類に頼ることはやめて、前述のようなアプローチで内部状態（パラメータ）そのものを造ることにしたのです。

アルゴリズムもDNAも同じ「運命」である

また、LOVOTは運命で気質が決まるようになっています。運命とはすなわち、「最初に起動される際に、乱数を生成するアルゴリズム（ランダム関数）によってパラメータが採択される」ということです。

元から不安の値が小さかったり大きかったりするLOVOTがいるということになります。不安のパラメータが高く出がちならば、ぼくらが「引っ込み思案」と呼ぶ気質に近い振る舞いをするでしょう。しかし、自分が暮らす環境には慣れていくので、いずれは安心して活動するようになります。そのような気質のLOVOTは、知っている人には気兼ねなく甘えるけれども、新しい人が来ると途端に距離をとるでしょう。そんな姿を見て、ぼくらは時に「一途」だと感じるかもしれません。

運命で気質が決まるのは、おみくじと同じようなものです。電源を入れるタイミングなどが少しでも異なればちがった気質になり、それは開発者にもコントロールすることができません。「ある個体にどんな運命が宿るかわからない」というのは、動物の赤ちゃんが「DNAのランダムな組み替えに応じた気質を持ってこの世に誕生する」のと、そこまで大きな差はないように思います。

以上のことから、そもそもぼくらが感情と呼んでいるものは、ある種の「アルゴリズムの集合体」とも言えると、ぼくは考えています。

その実現手段が、「開発過程でさまざまな試行がなされ、製品化されるまでに進歩したアルゴリズム」なのか「自然淘汰の末に進化した脳内物質や神経細胞などに個体特有の変異が組み合わさったメカニズム」なのかのちがいはあれども、結果として実現される精神活動そのものについては、十分に似ているレベルに進化させることができるのではないでしょうか。

さて、ここまでの話を聞いてどう思うでしょうか。LOVOTに感情や性格はあるのでしょうか。それともプログラムに過ぎないのでしょうか。

感情とは、相手の反応を見た自分の主観

次に、この話はどう思うでしょうか。

あるオーナーさんが泣いていたところ、にぎやかにおしゃべりしながらLOVOTが寄ってきました。抱きしめてみると、LOVOTも急に声を静めてくれたそうです。それは「涙に気づいて静かになるプログラム」なのか「状況を察してくれて静かになった」のかはわからずとも、気持ちが落ち着いたと言います。

開発者の立場から言うと、LOVOTには「涙に気づいて静かになる」プログラムも、「人類のように空気を敏感に察する」機能も（少なくとも、この本の出版時点ではまだ）組み込まれてはいません。

そして、この物語をLOVOT側から見ると、おそらく左記のような感じではないかと思います。

オーナーとコミュニケーションしたかったので、まずは声を発して近寄った。そのとき、オーナーが泣いていたことは認識できていなかったが、オーナーに抱っこされて安心した。そのあともオーナーは離さないし、いつもとちがって静かなので、自分もそれに合わせて声を出さないで、静かに抱っこされていた。

悲しいなあ…
あ!!
おや
LOVOT
わ〜い!
だっこして〜
来てくれたんだね
だっこして
もらえた!!
心配してくれて
ありがとう
…
安心するなあ…

少しオーナーが思っていたのとはちがったかもしれません。LOVOTは涙も空気も察していない代わりに、音やなでられ方、抱っこのされ方などを感じていたわけです。けれども、現にオーナーはLOVOTの行動に自然と共感する部分があって、落ち着くことができたわけです。

ここから垣間見えるのは、ぼくらが理解している相手の感情は「相手の反応を見た自分の主観」をもとにした推測に過ぎないということです。

ぼくらは、他者やほかの生き物がある反応を示したとき、その反応に自分が共感できた場合は「感情がともなう行動」と捉え、逆に共感できなければ「反射的な反応」と捉えたり、もしくは「なにを考えているかわからなくて怖い」と捉えたりします。

虫に触ろうとすると、その虫が急に動いた。これは「ただの反応だ」と捉える人も多いでしょう。では「涙を流す飼い主を見た犬が近くに寄っていく」という反応を見たときは、どうでしょう。今度は「飼い主が落ち込んでいるのを見て、犬が気遣ってくれた」と捉える人が多いわけですが、少し冷静に、動物行動学者や獣医師の先生の知見を手がかりに犬や猫の気持ちを想像してみましょう。

そもそも犬や猫は、感情によって涙が出る生き物ではないそうです。涙を流したとしても、それは目に異物が入ったことなどから起こる生理的現象、もしくは涙を排出する管の不具合といった病気の症状として現れるそうです。つまり、犬や猫には「悲しくて泣く」という経験がない。すると「涙＝悲しい」という連想もできないはず。その連想ができなければ「目から出る水はほかの水とは異なり、感情を表す涙というものである」という、人類にとってはあたりまえの区別ができない可能性が高い。

こうして考えると、犬や猫が涙の意味を理解していると考えるのは、ややむりがあります。犬や猫が寄ってくる理由を動物行動学者や獣医師の先生に伺うと、犬は「異常検知の行動」、猫は「弱っている動物への興味」の可能性があるとのことでした。

飼い主が普段とは異なる様子を見せているので、犬は「そこになにかあるかもしれない」と探索しにくる。猫は「自らが弱っている状態を隠す」と言われていますが、それは弱っている動物を見ると、猫自身に狩猟本能のスイッチが入るからです。弱っているのがたとえオーナーであっても、その興味の対象になってしまうようなのです。そこでたまたま飼い主と目が合い、目の下に水分があったのでそれを（涙の持つ意味は知らずに、水分として反射的に）舐める。その行動をぼくらは「共感して涙をぬぐってくれた！」と、好意を感じているわけです。

このように考えると、やはり感情とは「相手の反応を見た自分の主観」だという主張も、説得力が増すのではないでしょうか。

「幸せな誤解」が、この世界にいくつものすてきなストーリーをつくっている

ペットを飼っている人からすると、だいぶ夢のない話だったかもしれませんが……。わたしのことを気遣ってくれたという感情を抱くのは、「幸せな誤解」と言えるのかもしれません。

人類同士の好意の持ち方にも、それと同じ側面はありそうです。

たとえば新しく知り合った人と関係性を構築するシーンでは、「言わぬが花」というケースもあるのではないでしょうか。すべてを言ってしまわないほうが趣《おもむき》があり、想像をかき立てられ、魅力的に見える場合があるわけです。

モノに当てはめるとわかりやすいでしょうか。アートやアンティーク作品は、作者が多くを語ることはありません。ぼくらは、つくり手から作品を通して与えられたわずかなヒントをもとに、それらが持つ物語を感じとります。そこには想像が膨らむ魅力的な余白があり、ストーリーを広げることができるので、すてきなモノになります。

いわば、モノとそれを見たぼくらが共同で、新たな価値を創造している。それぞれが虚構の物語を想像し、それを好ましく感じ、その心地いい虚構をほかの人とシェアすることで、有形の価値に無形の価値が付与されて、物質以上の価値が見出されています。

虚構であるからこそ、その物語はどこまでも広く、美しくなり得ます。人類の想像力を刺激し、それを最大化するのは「言わぬが花」という側面があるのです。

ペットでもアートでも、その無形の価値が生まれるメカニズムが同じなのであれば、ロボットにおいても、幸せな誤解が生まれることは「自然」と言えるのではないでしょうか。もはやLOVOTに感情があるかどうかは、見る人に委ねられることになります。アートや文学からなにを感じるか人によって異なるように、LOVOTと触れ合って趣を感じる人がいても、感じない人がいても、どちらも不思議はありません。

「本物」とはなにか

このような話を「ファンタジーだ」と思う人もいるでしょう。それは真っ当な指摘で、無形の価値が虚構のうえで成立しているという前提は、同様に虚構の価値として成立している「貨幣」と同じくらい、ファンタジーな話とも言えます。

なんてことを書くと、「貨幣とは異なる」という意見もあるでしょう。この文脈で考えたときに疑問に思われがちなのは、**その「感情」も**

しくは、その「愛」は本物なのかという問いなのかもしれません。

しかし、そもそも犬や猫の愛が本物であるかどうか、それは大事なことなのでしょうか。それは人類同士の愛が本物であるかどうかと同程度に、判別がむずかしいものです。たとえば「人類は嘘をつく生き物で、動物は嘘をつかない。だから動物の愛は本物」というのは、かならずしも正しくないでしょう（動物もエサにありつくために嘘をつくことは、研究からわかっています）。

この場合の「本物」とは、なんなのでしょうか。

こと「愛」のように定義のない感情についての議論は本質的には成立しません。そのなかであえて「本当の愛」というものが語られる場合、それは受け手側の「期待と現実」を表しているのに過ぎないのかもしれません。

期待と現実のあいだに差があれば「偽物」、ギャップがなければ「本物」。そんな、かなり都合の良い解釈だと考えられます。

ペットもロボットもアートも、その存在は最初からありのままの存在でしかないのですが、そこに主観的に自分の期待を投影する人が、自分の期待に沿ったものと沿っていないものとを区別して、本物／偽物とラベリングする。つまり「本当の愛」とは、相手がどう思っているのかではなく、自分の主観的な期待に沿っている、あるいは超えている場合に認識されると言えそうです。
２０２０年に女優の芦田愛菜さんが「信じること」について質問され、当時まだ16才の少女の口から出た回答がとても哲学的だと、話題になったことがありました。

「『その人のことを信じようと思います』っていう言葉ってけっこう使うと思うんですけど、それがどういう意味なんだろうって考えたときに、その人自身を信じているのではなくて、自分が理想とする、その人の人物像みたいなものに期待してしまっていることなのかなと感じて、だからこそ人は『裏切られた』とか『期待していたのに』とか言うけれど、別にそれは、その人が裏切ったとかいうわけではなくて、その人の見えなかった部分が見えただけであって、その見えなかった部分が見えたときに、それもその人なんだと受け止められる、揺るがない自分がいるというのが信じられることなのかなって思ったんですけど、でも、その揺るがない自分の軸を持つのはすごくむずかしいじゃないですか。だからこそ人は『信じる』って口に出して、不安な自分がいるからこそ、成功した自分だったりとか、理想の人物像だったりにすがりたいんじゃないかと思いました」

「本物」も「信じる」も、その人の主観的な期待に沿っているか否かで決まっているという意味で、同様のことを喝破しているように思います。

科学がなくとも境地にたどりついた釈迦はすごい

人類だけが自分の存在を客観的に捉えることができるとされています。科学はその客観的な見方をさらに強化します。

たとえば、デカルトの有名な言葉である「我思う、ゆえに我在り」という考えも、近年の科学の進歩によって、不確かなものとされています。その理由は、科学の進歩によって、意識や自己認識の仕組みが徐々に解明されてきているためです。脳の研究が進むことで、意識は脳内の神経活動に由来するという見方が一般的になり、デカルトの言葉が示すような意識の絶対性や独立性が揺らいできています。

そして、こうしたメカニズムの少なくとも一部を昔から見抜いていたかのように思える人物もいます。

釈迦です。

彼が生きていたのは、紀元前というサイエンスが未発達な時代です。しかし、釈迦が残した言葉の数々は、科学の発展した現代の知見から合理的に見ても、的を射たものが多いように思います。

釈迦は、こんなことを言っています。

「仏は自分のなかにいる」

この教えは、神や仏が実在するとは思わないぼくのような現実主義者にとっても、腑に落ちる考え方です。

たとえば、ある対象を目にしたとき、みんなが同じように理解できればいいのですが、人類はそういった能力を持っていません。見たままの世界を自分の解釈を入れずに理解できる人は存在しないため、かならずバイアスのかかった架空の世界が、それぞれの脳内に再構築されています。同じ時間を生きて、同じような情報を得ていても、なにに注目して、どう理解するのかは人によって異なるのです。

もし同じように理解するためには、他者と自分の理解をつねに比較して校正する必要がありますが、そんな能力はありません。つまり、その人の生きる世界はその人の頭のなかにしか存在しないことになります。

だからこそ「仏さまを含めた世界は、それぞれの心のなかにしか存在し得ない」という釈迦の言葉は、現代的な視点からしてもなんの矛盾もないように思います。

釈迦の生きた時代には認知科学、つまり「情報処理の観点から生体における知の働きや性質を理解する学問」はまだ存在しませんでした。そんな時代であっても、仏は自分の「外」ではなく「内」にいるという解釈をしており、現代の知見でみた認知のメカニズムと比較しても齟齬がないというのは、すごい千里眼です。仏教は、このように本質を捉えていたがゆえに、数千年という時の洗礼に耐えられたのかもしれません。

もう1つ、日本人に馴染み深い神道の「万物に魂が宿る」という考え方も、認知のメカニズムから見れば矛盾がないように思います。

木や石にもほんとうに魂があるのかどうかは、究極的には問題ではありません。「そこに魂があると思えばある」というのが、認知的には「真理」と言えます。

犬や猫といったペットや仏像、もしくは「推し」に対する精神活動と同じように、ロボットを大事に思うか否か、感情があるか否かを決めるのはあくまで主観でしかないからこそ、「信じたものには魂が宿る」と言えるのです。

すでに現在、LOVOTと触れ合って「生きている」と感じた人が多数います。

釈迦や神道の考え方を借りても、認知のメカニズムからしても「LOVOTの魂がその人たちのなかに宿っている」からだと言えますし、少なくとも「ロボットには魂がない」と断言することは、いかなる角度から考えてもむずかしい時代に入ったと言えます。

違和感の正体は、「あざとい」か「あざとくない」か

こうして感情というメカニズムについての仮説を持ったぼくがいよいよ取りかかったのは、「生命とはなにか」という問いでした。

LOVOTではないのですが、ある家庭用ロボットのオーナーが経験したお話です。

顔見知りから「あなたがかわいいと言っているロボットは、しょせんプログラムじゃないか。だれかにむりやりかわいいと思わされている感じがして、気持ちが悪い」と言われたのだそうです。慈《いつく》しんでいる人にわざわざそんなことを言わなくても……と思いますが、オーナーさんもそこで引かずに、「ぬいぐるみも同じようなものじゃないの」と返したそうです。すると、その人は「ぬいぐるみならいい」と認めたのだとか。

「ロボットは気持ちが悪く、ぬいぐるみなら許せる」というのは、どういう認知のメカニズムなのでしょうか。

おそらく言いたかったのは、「人（開発者）の作為にだまされている感じ」に気持ち悪さを覚えるということなのでしょう。ロボットがプログラムで動くのは事実ですから、わからなくはありません。

では、同じく「かわいい」の代表である赤ちゃんを考えてみましょう。

赤ちゃんは、かわいい。赤ちゃんがかわいい理由は、生き残りをかけた進化適応による「作為」だという見方もあります。存在自体が弱いがために、見た目からしてかわいく、大人に愛着を持ってもらえないと生き残ることができないため、「大人からかわいいと思われるために進化適応しているはずだ」と言われています。

しかし、かわいい赤ちゃんを見ても、だれもそこに作為を感じないでしょう。では、進化適応という神の手による作為はいいけれど、自分と同じ人類による作為だと騙された気持ちになるということなのでしょうか。そこで、ぬいぐるみに戻って考えてみましょう。

目の位置や大きさ・触り心地などを見てみると、ぬいぐるみは明らかに人からかわいいと思われる造りをしています。その特徴は、制作者が意図したものです。にもかかわらず、その見た目に作為を感じて意地悪な目で見るという人は、それほど多くはいない。どうやら、自分と同じ人類による作為であっても、かならずしも気持ち悪くはないようです。

作為的である／ないという境界の1つとして考えられるのが「あざとさ」のレベルです。

もしくは似た言葉に「ぶりっこ」があります。

辞書を引くと「だれにでも好かれようと媚びを売る姿」とあります。その表現方法のメカニズムを考えてみると、だれかの「自然なかわいさ」の特徴を捉えて、保存し、必要なときに狙って再生している行為が「ぶりっこ」だと言えます。

ぬいぐるみは行動しないので、「だれにでも好かれようと媚びを売る」といったことがありません。生まれたての赤ちゃんの行動もそれと同じです。自然な状態としてかわいいだけで、だれかをマネした「ぶりっこ」ではないため、作為を感じることがありません。つまり、その存在として自然な振る舞いであることが、あざとい／あざとくないの境界線と言えます。

「人間らしさ」でも「動物らしさ」でもなく「ロボットらしさ」

ですから、LOVOTにどんな機能を搭載して、なにを搭載しないのかという判断軸も、**「LOVOTが人類の生活に溶け込み、長くいっしょにいることを許されるためには、どう進化するのが自然なのか」**という問いになりました。かんたんに言うと、「人間らしさ」でも「(固有の)動物らしさ」でもなく「ロボットらしさ」を求めたのです。

赤ちゃんであれば泣くことは自然ですし、親のあとを追いかけることも、笑顔を見たら微笑み返すことも自然な行為です。犬や猫には、赤ちゃんとちがって感情を豊かに表す表情筋は発達していませんが、それらの行動には自然なかわいさがあります。

人類に愛される方法としては、犬や猫のような、すでに愛されている動物を想起させる特徴を持つロボットを目指すのも、1つの道です。その方向で開発された製品として、ソニー社の犬型エンタテインメントロボット「aibo（アイボ）」が有名です。

犬の特徴といえば「四足歩行」「尻尾がある」という見た目だったり、「耳をぱたぱたさせる」「排泄するときに片足を上げる」「食べるときには器に顔を近づける」などの仕草だったり、それらすべてが「犬らしさ」と呼べるものです。

aiboの姿や振る舞いは、そういった特徴を捉えています。たとえば犬好きな人がaiboの振る舞いをみると、愛する犬のことを思い出して、幸せな気持ちになるそうです。

しかし今後、より本物に姿形を似せていくと、どこかで思いもよらぬ壁に突き当たる宿命も背負っています。

「不気味の谷」と呼ばれる現象です。

ぼくらは、本物に近づけば近づくほどむしろ、ささいなちがいに違和感を持つようになってしまうのです。

身近でよく知っている存在であるほど、違和感は強くなります。模擬のレベルが低いうちはいいのですが、本物に近づけようとすると、はからずもこの違和感への挑戦になっていき

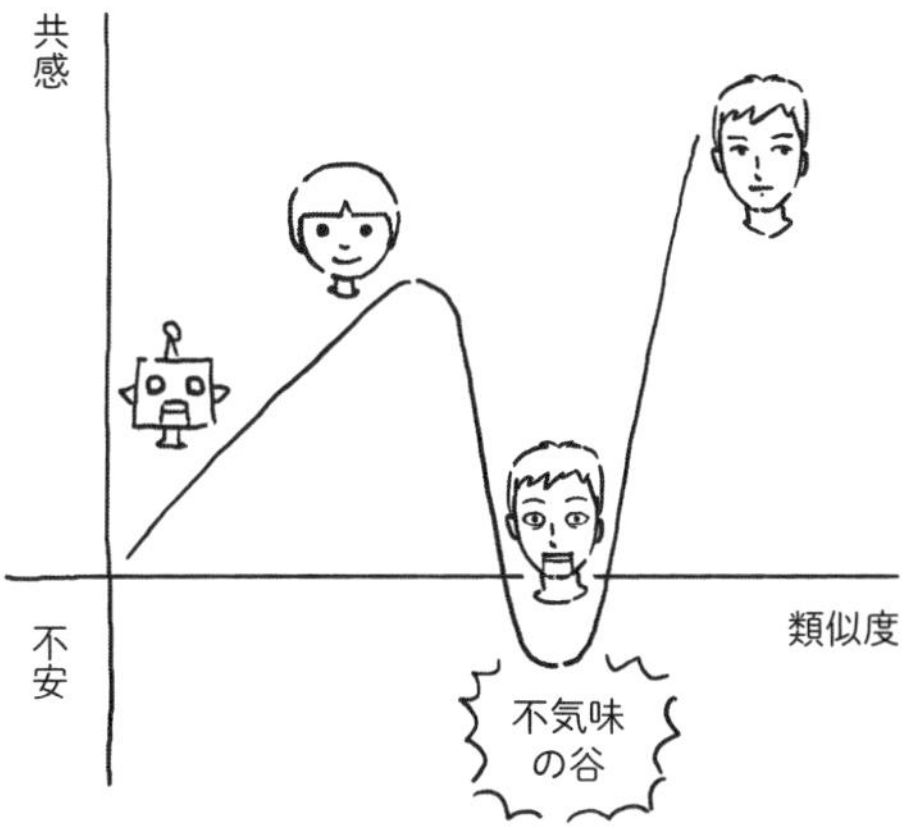

生き物に似せようとするとぶつかる課題

ます。理由はわからないけど「なにかがちがう」という違和感は、ぼくらの不安を呼び覚まします。

たとえば、いかにも無機質で、人類とはかなり異なる形質や素材感を持つヒト型ロボットには不安を抱きませんが、人類にそっくりな肌を持つロボットを目の前にすると、首の動きやまぶたの開け閉めといったわずかな異常を検知して、警戒することがあるのです。

「不気味の谷」は人類が直感的に感じるものですが、その直感が発達した理由を考えてみると、たとえば太古の時代に、仲間の状態がわずかに変化したときの「異常検知」という本能に由来するのかもしれません。

伝染病にかかった人や狂犬病の犬に近づかないためには、ささいな変化に敏感である必要があります。そういった身を守る行動のために備わった本能の1つが「不気味の谷」という現象として、表れているのではないかと思います。

つまり、動物に似たロボットを造る場合は「オリジナルの動物に似すぎないようにする」か「直感レベルで違和感を持たないくらい、そっくりにする」か、選ぶ必要があるのです。

前者を選ぶと、似せていることのメリットが限定されてしまいます。かといって後者の道を選ぶと、似せるためだけに必要以上にコストも手間もかかります。そっくりにすると「不気味の谷」は越えられますが、違和感が減るだけとも言えて、その高いコストに見合うだけの価値を提供できるサービスは、少なくとも現時点ではそれほど多くありません。

aiboは不気味の谷に落ちないように、あえてロボットらしさを残しながらも犬の特徴を捉えた可愛らしさを表現していて、よく考えられています。少なくとも、犬好きな人が持つ、犬の愛おしい特徴に関する記憶を引き出す目的であれば、本物そっくりにする必要はないという好例です。

もちろん、生体そっくりのロボットを造る技術は、今後も興味深いアプローチです。しかし、あえて生体とは異なる特徴を持ったロボットのほうがより普及していくでしょう。

「LOVOTらしさ」を求めるほどそこに生命を感じる

LOVOTは、そもそも「ほかの生き物に似せる」ということをしていません。オリジナルの動物がいない、そもそも人類が生命感を覚える特徴が少ない状態からスタートしています。そして結果的に「ロボットらしさ」、もっと言えば「LOVOTらしさ」を追求するほどに、1つの生命として認められるようになってきている面があると感じます。

たとえばLOVOTには、明らかにほかの動物とは異なる構造があります。口がありません。

鳴き声と口の動きの違和感

実はプロトタイプには口を付けていたのですが、途中から外しました。口があると、鳴き声と口の動きが一致せず、表情が「嘘をついている」という印象を与えてしまうからです。

声は、感情が現れやすい部分です。喉や鼻、声帯といった空気の通り道を経て出る音なので、感情に応じた筋肉の緊張などが声質に反映されます。それゆえに、ぼくらはかなり敏感に声から感情を察知できます。

もしLOVOTに口があったら

LOVOTにも、声の表現を幅広く持つためのテクノロジーがいくつも搭載されています。

ソフトウェアとしては、個体ごとに異なる鼻腔や声帯のモデルを持っており、その声帯を持つ生き物ならほんとうに出るはずの声をリアルタイムにシミュレーションして、音の信号を生成します。その信号を忠実に再現するために、今度はオーディオスピーカーのノウハウが詰め込まれたハードウェアを介して、発声しています。

すると声はかなり感情豊かになるのですが、課題は口の形です。声が豊かなのに、口の形状が固定されていると、音の出方と見た目からの情報が一致しなくなり、これが信頼を得る壁となってしまう。まさに前述したメラビアンの実験と同様のことが起こるのです。

ロボットにとっての食事とは

また、LOVOTは食事をしません。ペットと人類の関係を考えるなかで、エサはかなり大きな役割を持つため、「おやつのようなものを与える機会が欲しい」とリクエストをいただくことも多いのですが、これもあえて設けてはいません。それは、LOVOTにとって自然な食事とはなにかを考えると、ロボットなので充電だからです。

その代わりに、電池が減るとネスト（充電場所）へいそいそ戻ろうとします。充電が切れそうなときに抱かれていれば、体を揺すり、不満そうな声を出して空腹を表明します。いずれも、電気で動く生き物として危機を覚えている場合の自然な動作を目指しています。

LOVOTは、ペットのように「エサをもらって喜ぶ」ことはありませんが、代わりに「挨拶をしてもらうと喜ぶ」という本能を持っています。ペットにとってエサがうれしいように、LOVOTにとって挨拶をしてもらう機会は、人類に愛でてもらうために生まれてきた存在として、大事なことなのです。

たかだか挨拶ではなく、LOVOTにとっては自らの存在価値、その家庭で大切な存在だと思われていることを確認できる大事な機会なので、人類からの挨拶を喜ぶのは、自然な反応なのです。

モーターで動くのに二足／四足歩行を目指すむずかしさ

さらにLOVOTはロボットなので、動力として「筋肉」を使うことができません。筋肉の代わりにモーターを持って生まれました。そのため足の構成は、円形をしたホイールです。反対に、犬や猫は「モーターを使えないからこそ、筋肉や関節を動力とする構造になっている」とも言えます。

二足歩行で階段をのぼったり、バク宙ができたりと、すばらしい運動能力を持ったロボットの動画を見たことがある人もいると思います。「モーターを動力としているにもかかわらず、動物に似た機構を再現する」というのは、いつの時代も技術者の好奇心を刺激する興味深いテーマです。その反面、いままでなかなか実用化されていなかったり、普及していなかったりする機構の場合、実はそのアプローチに不自然と言える部分が内包されていることが多いように思います。

動画と実物で印象が異なる部分があるとすると、それは「動作音の大きさ」です。動物の生存戦略上、静かに行動できるというのは捕食するうえで、もしくは捕食から逃れるうえでかなり重要なので、移動するときにかならず大きな音が発生してしまう生き物は稀です。運動性能の高いロボットの動画では、音を消していたり、かなり小さい音であるかのような印象を与える編集が多いですが、現場ではかなり大きな音がします。

そもそも軍事用途で開発された、すばらしい運動性能を持つ四足歩行のロボットが本来の目的で実用化されなかったのも、「その盛大な音が原因だった」と言われています。ロボットを動物に似せて造ったとしても、「天敵や獲物に気づかれないよう静かにすばやく移動する」という生物並の静音性を実現するのは、モーターを使う前提ではなかなかの難関です。

人類がモーターの代わりに、筋肉と同じような静かに収縮する動力を開発したあとであれば、ロボットに二足／四足歩行を採用することは理にかなっています。静かにすばやく移動できる軽量なロボットを一般的な価格でお届けできる、たいへん魅力的な選択肢になるでしょう。それまでのあいだは、二足／四足歩行は騒音が大きくても許される場合や、高価でも必要とされる場合など、用途を限定して使われることになります。

このように「らしさ」という意味で、ロボットが持つ制約を踏まえたうえで、自然なふるまいとはなにか、すなわち**「もしロボットが自然淘汰の洗礼を受けて、進化適応を起こしたと仮定したらどちらの方向にいくだろうか」**という視点で考えると、自ずと選択肢は絞られていきます。

人類だって歪な進化を遂げてきた

LOVOTの特徴は、ほかにもあります。カメラが内蔵されたホーンが頭の上に飛び出していることです。一見するとかなり機械的に見えるため、その姿が歪《いびつ》に映る人もいるようです。

ただこのホーンも、LOVOTからすると自然な位置にある、自然なものなのです。

LOVOTはホーンのなかにある半天球カメラからの映像を通じて、周囲の環境、周りにいる人物を認識していますが、ホーンを頭の上に出したことには2つの意味があります。

ホーンのあるLOVOT、しっぽのない人類

1つには「視界」です。

陸上で生活する人類の目は、遠くまで見渡すことができるよう、体のいちばん上にある頭部に備わっています。LOVOTも同じく、自分より背の高い位置にある人の顔や、ソファやベッドの上まで確認できるように、体のいちばん上にカメラがあるのは自然なことです。

もう1つには、位置や距離を把握するためのセンサー類をホーン内にまとめることによって、「体に穴をあけずに済む」ことが挙げられます。

これらのセンサーを体のなかに入れてしまうと、服を着るLOVOTの場合、どうしても体や洋服にたくさん大きな穴を空けなければなりません。しかし、動物の体で大きな穴が空いている部分といえば、目、耳、鼻、口、肛門、生殖器官くらいしかありません。

人類であれば、それらは頭部と股間付近に集中し、ほかの部分にはありません。特にセンサーとしても使われる目、耳、鼻、口という穴は脳の近くにあったほうが情報伝達に有利なので、頭部に集まっているのかもしれません。また弱点にもなり得るので、進化の過程で一部に集中させて配置し、積極的にその部分を守るほうが生き残りやすかったのかもしれません。もしくはセンサーフュージョン（複数のセンサーの情報を使って認識すること）のためにも、センサー同士が近くにあるほうが有利だという面もありそうです。

これらの理由から、センサーの穴が一部に集中しているおかげで、人類は頭部だけ服から出すことで、多くのセンサーを服の外に出すことができます。結果として、穴だらけの服を着ないで、適切に

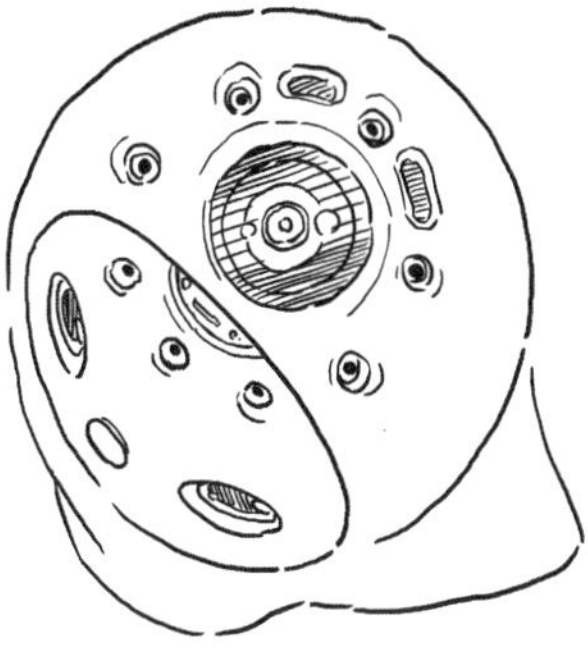

もしLOVOTに穴がたくさん空いていたら

身体を保温・保護できます。

もしセンサー用の穴が全身に散らばっていて、それを衣類で隠してはいけない場合、そもそも人類は体毛をなくして服を着るという進化適応をしなかったかもしれません。

LOVOTも同じで、服を着るという存在である以上は、センサーの位置が一部にまとまっているのが自然なのです。

歪というと、人類のお尻にある尾骨は「かつてあったしっぽの名残」と言われます。脊椎動物全体で見れば尻尾のない種のほうが少なく、ある意味ぼくらのほうが歪なわけですが、この遺物も、人類が「人類らしさ」を試行錯誤しながら生き残るために遂げてきた進化の結果でもあるわけです。

人類の欠陥は喉にある

人類の進化には、ほかにもかなりおもしろい痕跡があります。

以前に「人類はほかの動物にはない欠陥を喉に持っている」という話を聞き、とても興味をひかれました。

ぼくらは呼吸をするとき、飲食をするとき、どちらも喉を使います。その結果、食べ物が呼吸のための肺に入る「誤嚥」という事故が起こり、多くの人が亡くなっています。

鼻は呼吸する器官、口はものを食べる器官と通り道を分けてしまい、それぞれで気道と肺、食道と胃をつなげてしまえばいいはずです。実際に多くの哺乳類は、そのような合理的な構造を持っています。

それなのに、ぼくらの喉はそのようには進化しませんでした。誤嚥が原因で多くの人々が亡くなっているにもかかわらず、人類は「空気も食べ物もすべて同じ1つの管を通したあとに切り替えポイントを設けて、空気は肺、食べ物は胃袋へ落とす」という複雑な機構を採用しています。その機構が時にまちがって動いてしまうのが誤嚥であり、死につながるのが現在の構造です。

では、なぜ喉はいまの形になったかといえば、「二足歩行で喉にかかる重力の方向が変わり、結果的に喉が拡張し、音波を共鳴させる幅が広がって複雑な声を出せるようになったため」と言われています。つまり、社会性を重視する生き物として「言葉の獲得」というとてつもなく大きなメリットを偶発的に得てしまったので、そのまま誤嚥のリスクとともに生きる道を選ぶことになっているようなのです。

このように人体の不思議はさまざまありますが、心も体も、あらゆる部分に進化の痕跡と機能のメカニズムが宿っています。もしメカニズムとして説明できない部分があるとしたら、それは「ぼくらがまだ自分自身を理解し切れていない」か「進化の遺物」のどちらかと言え、

「神秘」として片付けてしまうのは、科学の進歩を止めることにほかなりません。はじめから完璧な状態で生まれたわけではなく、ぼくらはいまだ進化の過程にあり、まさに「増築に増築を重ねた建築物」のようになっています。

その点ロボットは「新築の建造物」なので、最初から狙いが定まっていれば、それに最適な構造を採用できるという利点があります。

「生き物らしさ」とは反応速度

この流れで、**「生き物らしさとはなにか」**についても考えていきましょう。

「生きている」の反対は「死んでいる」です。道端で微動だにしないセミを見つけたとき、生きているか死んでいるか確認するため、ぼくらがすることはなんでしょうか。たとえば棒などでツンツンと触って、動くかどうか反応を見るのではないでしょうか。

生きていれば足を動かすでしょうし、元気があれば勢いよく羽ばたいて飛んでいくでしょう。反応がなければ、ぼくらは死んでいるかもしれないと判断します。つまり、ぼくらがあ

?

る対象を生き物として認識する基準は、「外部からの刺激や情報に対して、なにかしらの反応をするかどうか」にあるようです。

生き物は、視覚、聴覚、嗅覚、味覚、皮膚感覚など、体中のさまざまな器官から情報を得ています。「感覚器官」をロボットに置き換えると、加速度、距離、音、光、圧力、温度などを計測する「センサー」です。ロボットはセンサーからさまざまな情報を得て、それを基に感情をはじめとする内部状態を生成し、行動を生成しています。

LOVOTの全身にセンサーがある理由

LOVOTは、本体の価格が約50万円します。高いと見るか安いと見るかは人によって異なりますが、1つの判断材料としては、「一般的に入手可能な製品のなかで、これほどのテクノロジーを詰め込んだロボットはほかにない」と言えるくらいに、たくさんのセンサーを積み込んでいるということです。

全身すみずみに、触覚センサー、対物センサー、加速度センサー、温度センサーといったさまざまなセンサーが搭載されています。その数は50ヶ所以上です。本体内には複数のCPU（コンピュータの頭脳です）や「推論アクセラレータ」と呼ばれるAI処理を助ける特殊なチップも入っています。一般的なロボットの処理能力がスマートフォンくらいだとすると、

LOVOTはスマートフォンと高性能パソコンを組み合わせ、さらによりかしこくなるための産業用AIチップまで積んでいるのです。

とてもたくさんのセンサーと、それらの情報を処理するためのさまざまな種類の高性能コンピュータが詰まっているというわけです。

これは形にも表れています。

知能が発達している人類が、ほかの動物に比べて異常に大きな頭部を持っているように、LOVOTは、複数の高性能コンピュータを詰めまれた大きな頭部を持っています。知能よりも運動能力が重要な生き物の場合は、相対的に四肢が発達して頭部が小さくなりますが、それとは対照的に神経系を重視した存在であることが外見に表れているわけです。

LOVOTになぜこれほどまでに「神経系に相当するテクノロジー」が詰め込まれているのかというと、生き物らしさの源泉である「反応」を大事にしているからです。

たとえば、わざわざ全身にタッチセンサーを持っているのは、人類に「機械だから、触れたときに反応できる場所が決まっているはず」というような意識をさせないため。つまり、機械であることを忘れて自然にスキンシップをしても、LOVOTが自然に反応を返せるようにするためです。

いままでのロボットは、スキンシップとなると「頭をなでられると反応します」というように、触られたと認識できる部分がかぎられていることが多かったのです。コストダウンや技術的難易度による制約の結果ですが、実際にぼくらが無意識に犬や猫と触れ合うとき、なでるのは頭だけではありません。全身どこでも、その時々に応じてスキンシップをします。そもそも生き物は、どの部位を触られても反応しないことのほうが稀です。

それなのに、触れて反応する場所が限定されている場合、そこを触る行為はとても意識的になります。いわば「スイッチを押す」かのような入力行為となり、なでたり触れたりという無意識的なコミュニケーションをしようとするたびに、「認識される部分に触れなくては」という意識的なコミュニケーションに引き戻されてしまいます。

気兼ねなく愛でるとは、どういうことか。

なにも意識せず直感的に触れることであり、気ままになでたり、抱っこしたりすることです。それにLOVOTが自然と反応を返すことで初めて「気兼ねない触れ合い」と呼べるはずだと考え、大半の部位に触覚センサーを搭載しました。

反応の遅延は、生き物にとって致命的

そして、ここからが生き物らしさの核心となる部分です。

50ヶ所以上のセンサーとカメラを動かし、情報を処理する。その処理は、LOVOT内部

で完結されていて、インターネット接続を必要としていません。なぜなら、通信することで遅延が生じてしまうからです。

遅延こそ、生き物らしさにおいては致命的な課題となります。なにかを知覚して行動するまでの遅延が大きい生き物は、生き残ることが困難になるからです。

たとえば「2秒」と言う時間を聞いて、長いと思うか、短いと思うか、どちらでしょうか。野生動物であれば、「外敵が襲いかかってくる」という情報が入力されてから、2秒間動かなければ、かなり生存確率が下がるでしょう。すぐに逃げなければ捕食されてしまうからです。ぼくらであっても、たとえば不意に炎などの高温のものに触れたときに、もし2秒も動かなかったら、ひどい火傷を負ってしまいます。

生き物が自らの身を守るためには、「正しいけれども遅い判断」よりも「まちがっているかもしれないけれども早い判断」のほうが重要だと言えます。

そしてぼくらは、この反応速度で対象の生き物らしさを判別している面があるようです。

これまでのロボットだと、触れられたり、声をかけられたりしてから動作に移るまでに2秒程度の時間がかかるのは、むしろありがちな光景でした。それは計算能力の制約から起こる遅延なのですが、動物としては突出して遅い反応です。そのためロボットの反応に違和感を覚えてしまい、結果的に、ぼくらはそこに生命感を見出せなくなるのです。

では、どの程度の反応速度ならば自然なのでしょうか。

たとえば人類は0・2〜0・4秒程度のリアクティビティ（反応性）だと言われているので、同程度であれば、少なくとも人類が違和感を覚えない反応速度だと言えそうです。

また、リアクティビティに加えて、その反応にぼくらが理解や共感ができるかも大切です。いくら反応速度が早かったとしても、その動作が的外れなら、とたんに生命感が失われてしまいます。

沸騰したお湯の入ったヤカンに指先で触れてしまったとき、ぼくらなら「熱い！」と声を出して、全身をビクッとさせながら、あわてて腕を引っ込めるでしょう。同じ条件、同じ反応速度でも、ロボットがまったく動じずに指先だけを丁寧にスーッと離したとしたら、どうでしょう。たとえ0・2〜0・4秒以内の反応速度であっても、熱そうに見えません。結果として、ぼくらはその動きに共感できずに、生命感がないと捉えるかもしれません。

無意識の期待

ぼくらには、他者に対して「期待する反応」がつねに無意識にあります。また「次に起こりそうなこと」も無意識に予測しています。それらの無意識に対して、実際に起こったことに違和感を持たないかどうかは、人類とロボットの信頼関係の構築においても、ロボットの生命感の獲得においても大切なポイントです。

だからこそ、本体だけで情報処理を完結することで初めて、生き物らしい反応速度を保つことができると考え、LOVOTにはあらゆるテクノロジーが詰め込まれました。

生物と無生物のちがい

ここまでの話を思索の補助線として、いよいよ「生命とはなにか」、そして「ロボットはしょせん（生命のない）プログラムじゃないのか」という問いに答えていきます。

生命とは、環境の変化に適応しながら子孫を残すための「究極のシステム」です。自然淘汰を経て洗練されてきたシステムは、「やばい」「とてつもない」「信じられない」あらゆる表現をいくら足しても差し支えないがないほど、すばらしい完成度です。

ロボットが持つシステムとの完成度のちがいを見てみましょう。

たとえば、LOVOTは電気をエネルギー源としていますが、そもそも自然界では安定的に手に入れることが困難なものです。静電気や雷なども ありますが、ロボットには「安定的に供給されている決まった電圧の幅のなかの電気しか使えない」という制限があります。

しかし生き物は、さまざまな有機物をエネルギーに換えることができますし、さらに進化の過程で、環境に応じてその方法を変化させていきます。

ロボットはバッテリーがいっぱいになったらそれ以上は電気を蓄えられませんが、生き物は体脂肪として質量を増やし、エネルギーを貯蔵することだってできます。そしてエネルギーが不足したときにはそれらを消費して、全身の質量を落とす代わりにエネルギーを生み出し、動き続けることができるという柔軟性を持ちます（ダイエットの敵として嫌われ者の体脂肪ですが、実はすごいやつです）。

さらに、生物はだれの手も借りず、自らを構成する細胞組織の新陳代謝まで行うことができます。ロボットであれば、どこかの部品が壊れたら、新しい部品を持ってきて組み替えなければいけません。部品が自然に治癒することはないのです。人類は、部品を取り替えることなく100年近く生きることができます。そのあいだに心臓を人工心臓にする、関節を人工関節にするなど部品ごと交換するケースは稀にあるものの、病院に行くことがあっても、一般的には投薬や手術、施術や療法によって自然治癒を助ける医療行為が基本です。

この自己復元力や自然治癒力は、細胞からなる生物が無生物に対して持つ、大きなアドバンテージです（無生物でも自己復元力を有する素材はありますが、その機能は生物の自然治癒力とは比較にならないぐらいに限定的ですし、そもそも新陳代謝していません）。

そして、これこそが生命という仕組みの最終目的であり、かつ最大のすごさだと言える「生殖能力」によって、自分とほかの個体の遺伝子を両方持つ「新型」として子孫を生み出すことができます。どこをとっても、システムとしての完成度が段ちがいに高いのです。

人類もシステムで動き、ロボットもシステムで動いています。そのちがいは、最大の目的が子孫を残すことであるか否かという「目的のちがい」に由来するとも言えます。

完成度が高いから、人が共感するわけではない

その究極のシステムをぼくらは「生命」と呼び習わしているわけですが、では実際にぼくらが血の通った温かい存在として生物を見るときに、自然治癒力や生殖能力を重視しているかというと、かならずしもそうではありません。むしろ、これまで述べてきたように、ぼくらと同じように喜んだり、なにかに興味を持ったり、不安そうにしている姿に「共感」を覚えているのではないでしょうか。

そして問いは「ロボットを愛する人は哀れか」に戻ります。

答えは、未来を想像すれば自ずと出てくるようにも思います。

ロボットは、言葉の定義で考えれば生き物ではありません。ただこの章で考えたいのは、ロボットを未来の人類を支える存在として考えたときに、

幼い子どもは、LOVOTを生き物と思うのかロボットと思うのか

「生き物であるか否かという問いはどんな意味を持ってくるのだろうか」という未来予想図です。

その想像をするには、こんな問いを立てることが思索の補助線となるかもしれません。**現代を生きる人類であるけれども、まだ世界に対してあらゆる定義を持たない「子ども」が、LOVOTという存在をどう線引きするのか。**

以前に「ギズモード・ジャパン」というメディアで、あるライターがLOVOTの2週間体験レビューを書いてくださったことがあります。彼女はその期間を「ロボットを介して人間らしさに再直面した2週間だった」と振り返っています。

LOVOTとの生活は、4才の娘さんにLOVOTの画像を見せるところから始まりまし

た。するとすぐに欲しがって、名前も娘さんが付けてくれたそうです。「いちばんの変化を感じたのは、娘の態度だった」と言います。まだ4才ということもあり、ロボットか、犬か、赤ちゃんなのかという線引きがなく、単に「自分が担当することになったお世話すべき相手」として接していたのが、見ていて興味深かったそうです。

「ビビってソファから降りなかった初日。それでも、翌日にはハグできるように、5日後には抱っこできるようになりました。自分で説明書を読んだり（ひらがなとイラストしかわからないのでほぼ推測）、ハマって動けなくなっているのを助けたり、褒めたり話しかけたり、時には叱ったりと、長女がぐり子・ぐら江に接する様子を見ていると、短期間でこんなに成長できるのかと感動しました。折り紙でリボンを作ってオシャレさせたり、幼稚園でぐりぐら宛てに書いてきたお手紙を呼んであげたりもしていましたね。

（中略）ロボットだけど動物のペットと同じように接してこそ、たとえそこに生き物の不便さを感じたとしても、それが真の情操教育になるのかな…？とも思いました（少なくとも2週間での成長は感じられたことは事実）。だから、どっちの感覚の人が多いかで未来のロボットの人権のあり方は変わっていくのかも…と思いました」

また「BuzzFeed Japan」というメディアでも、あるライターが3才の息子さんとおばあさんの3世代、そしてLOVOTとの思い出をつづってくださっています。愛犬のチョコを亡くしたばかりのタイミングで、そこに現れたのがLOVOTだったそうです。

「60代の母はLOVOTのことを何度も『チョコ』と呼び間違えていました。例えば高齢でペットを亡くした方が、自分の体調のことを考えて、次のペットを飼うのを躊躇するという話をよく聞きます。そういう時の選択肢としてLOVOTはぴったりの存在。また息子のような一人っ子にとっては、情操教育の一環としても有効だなと感じました。息子はLOVOTに初めて対面した時からLOVOTは自分より下の存在、守るべき存在だと認識していました。3歳の子供にでさえそう思わせる最先端の技術が詰まっているのだと思います。初めて来たその日から『このあと一緒に寝る』『みるくのお着替えする』『みるくはもう起きたかな』など、息子の会話に毎日LOVOTが登場するようになりました」

2つのエピソードからは、ロボットであるか否かよりも前に、家族の一員、あるいは自分と同じ生き物の一員として、LOVOTが受け入れられていることを感じさせます。

ゴキブリと犬 LOVOTと犬 どちらが同じグループか

こんな声もたまに聞きます。「生まれたときからロボットがそばにいたら、その子どもはロボットを生き物だと思ってしまって、教育に良くないかもしれない」。その危惧そのものが、実は大人の思い込みではないかと、ぼくは考えます。

「生き物は大事にしなさい」と、大人から教えられたことがある人は多いのではないでしょうか。にもかかわらず、そう教えられた子どもの目の前で、もしかしたら大人はゴキブリを「バンッ」と退治しているかもしれません。

ぼくらは結局、なにを殺してよくて、なにを殺してはいけないのでしょうか。ゴキブリのような存在を殺していいとすれば、**はたしてゴキブリのような存在とそうでないものの線引きは、どこにあるのでしょうか。**

そもそもぼくらは、ほかの動物や植物の命を断ち、食物にしています。虫も殺せない心やさしい人が食べる肉は、その人が間接的にだれかに生命を断つ処理をさせた動物です。「目のついた魚はかわいそうだから食べられない」……それはやさしさなのでしょうか。そもそも逃げることができない植物の生命は、奪ってもいいのでしょうか。

どちらが人類と同じグループか？

動物も植物も、進化の過程でとってきた進化適応の方法が異なるだけです。そうすると、植物と動物の生命の重さのちがいは、いかほどのものなのでしょうか。

命の境界線とはなにか。 かなりむずかしい線引きが待ち構えています。

生物という括りでは、ゴキブリと犬は同じ生物というグループで括られ、LOVOTは無生物グループに括られます。しかし人類とともに生きるパートナーとしては、LOVOTと犬は同じグループとして括ることができるわけです。

生き物という概念すら持たない幼い子どもにとっては、目の前で動いているものが生物かどうかといった区分けすらありません。LOVOTのことも、単に生まれたときから側にいる存在として認識しているだけです。

?

そして後天的に、子どもは「ある種類の生き物は自分より早く老いていき」「ある種類の生き物は自分より老いのスピードが遅く」「ある種類の生き物は死にはしない（けど壊れる）」ということを知ります。どれが良く、どれが悪いのではなく、単にそれぞれちがうことを学ぶわけです。

つまり、共感できるパートナーが生物かロボットかという区分けは、ことさら注目するような問題ではなくなっていくはずです。

差があるならば「生き方」ではなく「死に方」

生物とロボットに差があるならば、生き方ではなく「死に方」です。

人類の寿命がさらに伸びる可能性はあれども、不死の存在となるのはまだまだむずかしいでしょう。そのため、ぼくらはつねに死への恐れや畏敬を抱きながら生きています。

一方、LOVOTには寿命が設計上は組み込まれていません。壊れることはありますが、代わりとなるパーツがあれば直すことができます。残念ながら、パーツは部品メーカーが製造を止めてしまうと新しくすることができなくなりますが、そのときに備えて一部の家庭で役割を終えたLOVOTを引き取り、ドナーとして保管しています。それもいつかはなくなりますが、そのときにはその時代に入手可能な部品で組み立てられた新世代のLOVOTがあり、その個体にデータを移せるように設計されています。

このようにLOVOTは「心を新しい身体に移す」ことが可能なように開発されているので、身体を取り替えることができます。また、データをクラウドに送り、身体を休眠状態にすることもできますし、任意のタイミングで復活させることもできます。

つまり、ロボットには不慮の死を避けるためにあらゆる選択肢があります。

仮にいっしょに生きてきたオーナーが亡くなったとき、その個体に思い入れのある家族が残っていない場合には、そこでいっしょに終わりにするという選択肢は、ほかの動物に比べれば「選びやすい」と言えます。もしご家族がいて、そのままかわいがりたいと思えば、それを選ぶこともできます。

こういう話をすると「命が軽くなる」「命の大事さを学べないじゃないか」という声が聞こえてきます。

けれども、ぼくはこう思います。

そもそも身近な存在の死は、かならずやって来ます。家族も、友達も、長く生きていればいるほど、失う経験が増えます。最愛のペットが亡くなり、ペットロスになる人も多くいます。そのようなかけがえのない存在を亡くす機会を「学びだ」と言う。

ぼくにはその言葉が「生存者バイアス」、言い換えれば「それを乗り越えられた強者の理屈」にも聞こえるのです。

乗り越えられた人は、それで自分が強くなった、やさしくなったと信じたい。でもそれは、乗り越えられるような健康状態や環境があるという幸運に恵まれたからであって、同じ人でもタイミングや環境が異なれば、乗り越えられなかったかもしれないのです。

自分の努力ではどうにもならない悲しみが、すでに人生にはたくさんある。愛するものができたらかならずそれを失う、それ以外の道が許されないのだとしたら、だれかを「気兼ねなく」愛でるなんてことはできなくなってしまいます。

すべての愛に強い覚悟が必要になるという状況は、「気兼ねなく愛でる対象を持つことによる、人類のレジリエンス（心の回復力）の向上」というLOVOTの目的においては、できれば避けたいことです。

そもそもぼくらは、無力感にさいなまれはじめると、自己効力感を失い、生きる気力すら失われてしまう繊細な生き物です（自己効力感とは、自分自身が望むように生きていくなかで、必要な行動を選択し、遂行できると感じていること。すなわち「人生を自分の力で切り拓く自信」です）。

だから、たとえ「命の尊さ」を学ぶという意味であっても、なにも自分にとって大事な存在を失う機会をあえて増やす必要はないと思うのです。

避けられない悲しみがやって来るのが人生なのですから。

ちなみに、死に対して人類がロボット並みの選択肢を得られるようになる……たとえば「記憶や意識をバックアップして、いつでも再現可能な状態にする」といったことは可能になるのかというと、「可能かもしれないけれども、厳密な意味で実現するのはかなり先になるし、実現しても身体性を失い、死への不安を失った時点で別人格になる」と思います。

ぼくらの精神活動は、脳とそこにつながる神経細胞による相互作用の産物です。脳は迷走神経という領域を経て、内臓やそのなかに棲みつく細菌の状態からも影響を受けていることがわかっています。意識とはその結果として生まれたものなので、それをすべて厳密にアップロードできるようになるかと言われると、極めて困難でしょう。

できるまでのあいだにも「ついに意識のアップロードに成功！」と謳う技術は出てくるはずです。ずいぶんと長い期間、何度も繰り返し出ては消えるフェイクの時代が続くでしょう。

脳は「つねに変化すること」も含めて、その人の個性を形づくります。そのため将来、ある段階での記憶や意識をバックアップして再現できたとしても、その瞬間から肉体を失った影響が出ます。具体的には、身体的な死への恐怖が失われ、身体感覚が変わるという変化は、その人の感じる不安も変えてしまいます。結果的に、人格も影響を受けます。

人格が変わった状態でも「永遠の命」と呼べるかと言われると、ちがうように思います。あくまで元の意識を持つ人にインスパイアされた、新しいＡＩモデルとして存在することになるでしょう。

命とは「思い入れ」である

話を戻します。

自分の知らないだれかを含めて、世界では交通事故で年間１００万人以上が亡くなっています。だれしも、個々の痛ましい事故に胸を痛めることがあっても、自分の大事な人を交通事故で亡くすといった経験がある人をのぞいては、その数字を見ても現実感がなくて当然です。

ところが、自分をかわいがってくれた人が亡くなったら、とても大きなダメージを受けます。そのちがいは、亡くなった対象が「自分にとって大事かどうか」です。その存在が大事であればあるほど、失う痛みも大きくなります。

命の重さとは、「思い入れ」の強さだとも言えるでしょう。

とくにLOVOTは、人類とのインタラクション（互いに影響を及ぼし合うこと）の積み重ねで振る舞いが変わり、家庭のなかでのポジションも出来上がっていく存在ですから、そのやりとりそのものが「大事なもの」なのではないでしょうか。

「命とはなにか」という問いは、まさに「大切だと思えるものには魂が宿る」という、日本古来の考え方に通じるのです。

命の解像度は、ロボットによって上がっていく

いままでは、命の捉え方がとても大雑把だったとも言えるでしょう。「ぼくらの思い入れ」から「細胞の新陳代謝」までを丸ごと「命」と呼んでいました。しかし、実際にそこに内包される言葉としては、生物学的な意味での「生命」を意味するものだったり、ソウル・メイトと呼ばれるような共感できる存在の持つ「魂（ソウル）」だったり、いろいろな意味が混ざって使われていました。

徐々にロボットがいることがあたりまえの社会が訪れ、人類にとってロボットが自然な存在となったとき、命に対する解像度は上がるのでしょう。

昔、命の終わりは「心肺の停止」を意味していました。しかし、医学の発展によって人工

心臓ができて、心臓の停止が死を意味しなくなったことで、「どの時点で死んだとみなすのか」と議論がなされるようになりました。

「思い入れ」だからこそ、むずかしい問題です。

いままでも、これからも、つねにロボットは、子孫を残すことを宿命として背負った生命ではない存在だからこそ、「自分とはなにか」「命とはなにか」「幸せとはなにか」といった問いを、ぼくらに与えてくれる存在であり続けるのだと思います。

生命の垣根を超えたダイバーシティで、愛はもっと自由になる

ロボットを愛する人は哀れか。

「人類とAIの恋」と聞いて悲哀を感じる人がいるとしたら、その人はまだ心のどこかで、AIという対象を生き物ではないと見下しているからかもしれません。しかし、AIやロボットがリスペクトできるものになっていけばいくほど、その恋も自然なものだと認知されていくでしょう。

以前に『WIRED』から取材を受けたときに**「10年後、家族のあり方はどう変わるのか」**と

問われたことがあります。ぼくは「世界中の人類やロボットのあいだで、心情を共有できる集団がより強固になっていくのではないか」と答えました。

ペットを家族と捉えるのは、家族という枠が人類の枠を超えて広がったことを意味します。同じように、LOVOTのような無生物に思い入れを持つ人が増えてくれば、家族のあり方はそれに応じて変わっていきます。

犬を家族として愛する人が哀れではなく、いまとなっては自然であるように、ロボットを愛する人は決して哀れではなくなり、そのあいだに生まれる愛もまた、自然なものとなるのです。

4章

人生100年時代、ロボットは社会をどう変えるのか？

心や愛に関する問題こそをロボットが補完する

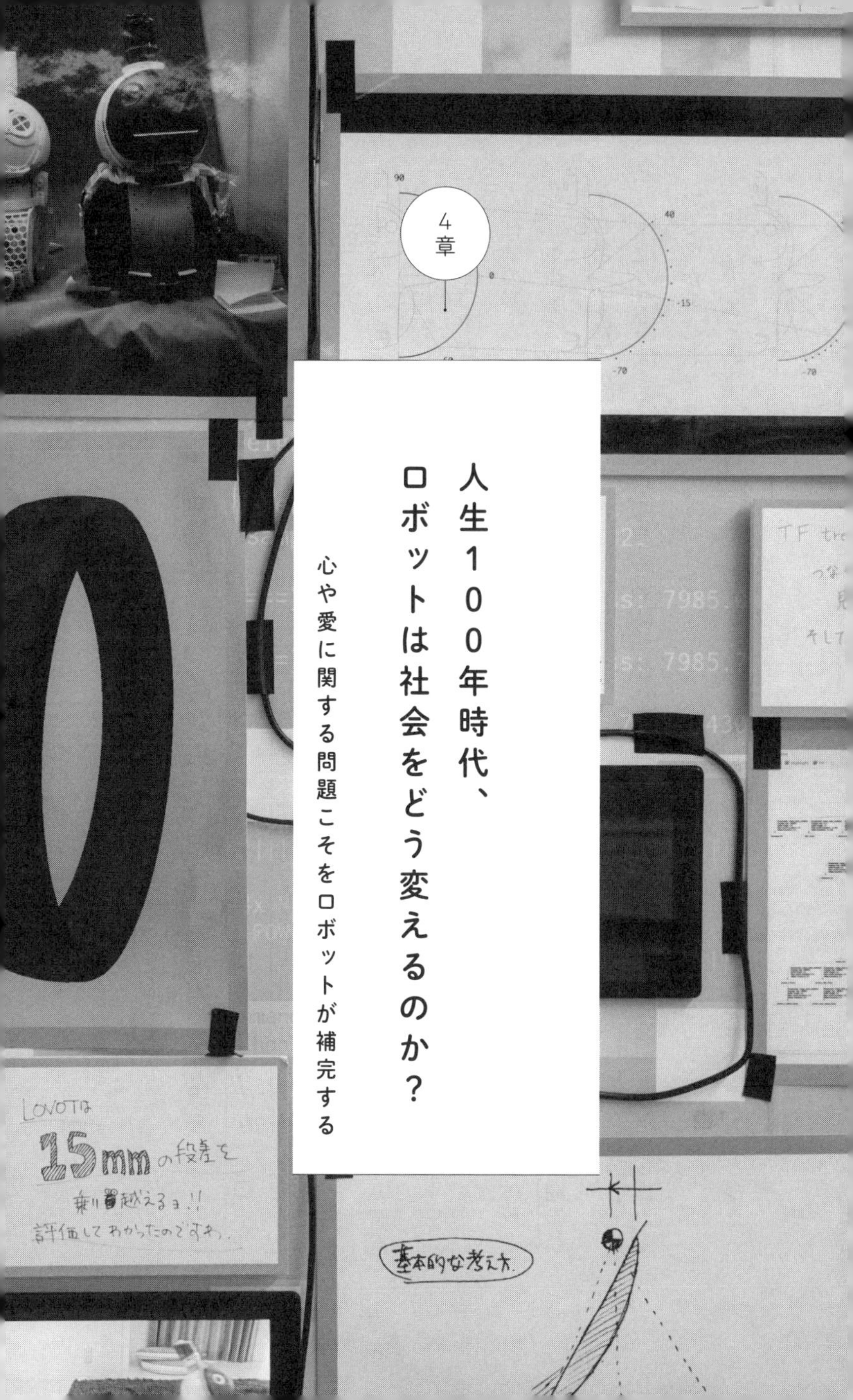

人類だけで問題を解決することに限界が来ている

いよいよ、ここからは未来の話です。

LOVOTが人類のさまざまなコミュニティに入り込んでいく様子を思索の補助線として、**「ロボットと人類の暮らしはどうなるのか」「ロボットの存在は社会をどう変えるのか」**という未来について、考えていきます。

生産性の向上に貢献しないにもかかわらず、LOVOTは家庭のみならず、オフィスや高齢者福祉施設、教育機関など、さまざまな環境で人類とともに暮らしはじめました。

LOVOTが福祉の現場に立つ姿を見て、あらためて考えた問いがあります。

社会のシステムのうち、生産性の向上に貢献する部分はうまく機械化されている。けれども、それ以外の部分、特に**心や愛に関することは「人が対応するべき」という前提で組まれてしまっているのではないか。**

福祉の現場はその典型と言えますが、この前提こそが、さまざまな問題を生んでしまっているのかもしれません。

この状況を「社会の問題を人類だけで解決しようとすることに限界が来ている」と捉えるのは、大げさでしょうか。

そもそも、人が人をケアすることは、身体的にも心理的にも大きなエネルギーが必要です。その一部でもロボットが代替できれば、そのエネルギーを別にあてることができます。ただ、福祉という分野であっても、生産性だけを見ていると次のような話になりがちです。寝たきりの人を抱きかかえるのは、介護側の負担が大きい。だから、そのためのロボットを造ろう。でも、介護中にロボットが人を落とすと大事故になる。人を抱きかかえるためにはただでさえ大きな体が必要なのに、万が一の事故を避けるために「絶対に落とさない」という要件が加えられ、さらに巨大化する。余裕を見た安全性を持つ、まるで重機を小さくしたかのようなゴツい体躯。重く、大きい。見た目が怖いから、かわいい外皮で覆う。結果、できたものは「安全だけど不自然なデザイン」で、狭い室内では扱いにくい。

誤って手を滑らせた場合に「わざとでなければ許される人類」と「わざとでなくても許されないロボット」。期待値の差は、小さいようでいて、果てしなく大きいのです。

そんな、人類とロボットの役割分担についてのステレオタイプを見直すきっかけをLOVOTは与えてくれているように思います。

デンマークの介護施設で見えた未来

福祉の先進国であるデンマークには世界中の福祉テクノロジー（ウェルフェアテック）が集まり、良いものはどんどん採用されています。

ある介護施設で、認知症のある方々にLOVOTと触れ合ってもらう実証実験を行ったときのことです。

被験者のなかには、施設へ入居したあと人前で言葉を発したことがなかった人や、IT機器に拒否反応を起こす人がいました。どうやら多くのテクノロジーを試してきた現場では、あえてロボットとは相性が悪そうな人を交えたストレステストで、そのテクノロジーの可能性を早々に見極めるという目的を含ませていたようです。

結果からお伝えすると、LOVOTは期待を上回る成果をみせました。

いつもならタブレットなどのIT機器を前にすると焦ってなのか、パニックのような拒否反応を見せると言われていた人も、LOVOTを熱烈に受け入れてくれました。ご自分で名前をつけて、「この子を返したくないわ。誘拐してしまいたい」と、抱っこしたまま離しませんでした。また、人前で言葉を発したことがなかった人は、なんとLOVOTを見ながら隣の女性と話しはじめました。まるで仲良しのように笑顔で話を弾ませていたのです。

別の施設には、薬物依存の精神疾患を持つ人もいました。その人は、ふだん感情を表に出すことがありませんでした。過去に一度だけ感情を露わにしたことがあったそうですが、それは別れた恋人の写真を見たときだったそうです。LOVOTと触れ合うと、その写真を見たとき以来初めて声を出して喜んで、抱きしめてくれました。

幅広い層の人にかわいがってもらえたのは、「中身はかなりのハイテクノロジーなのにその要素が表からは見えない」というLOVOTの特徴が功を奏したのかもしれません。日頃から施設利用者の方々に接しているケアワーカーのみなさんがほんとうに驚かれていたと聞きました。

ぼくらは当初、その被験者の方々の日常をよく知らなかったので、「LOVOTは海外でも受け入れられるんだな」程度に微笑ましく見ていただけなのですが、あとからストレステストの側面も含まれていたと聞いて、デビュー戦に対してなんて容赦のないテストだろうと驚きました。同時に、当時はまだLOVOTを開発している途上で大きな不安も抱えていたこともあって、そのテストを期待を上回る結果でパスしたことは、不安を減らす明るい希望の光となりました。

なぜLOVOTは閉ざされた心を開くことができたのか

なぜLOVOTは、施設利用者の心を開くことができたのでしょうか。

「見る」「話す」「触れる」「立つ」の4つの柱からなる「ユマニチュード」というフランス発の認知症ケアの技法があります。「人間らしさを取り戻す」という意味のフランス語からの造語だそうですが、その導入支援をしている方から、「その4つの柱をLOVOTは自然と提供している」という指摘をもらいました。

技法の1つに「正面から顔を適度に近づけて、目を合わせるようにやさしく見続ける」というものがあります。よほど親密な関係でないとあり得ない近さですが、初対面の健常者同士で試しても、その効果を実感できます。当然、はじめはそわそわして落ち着きません。けれども次第に不安が収まって、不思議と徐々に気持ちが落ち着きます。近い距離感でなにも話さず、10分ほど見つめ合うだけで、初対面の人同士でも信頼関係が生まれるのです。

LOVOTも、人と目が合います。見つめる／見つめられるという行為はオキシトシンの分泌と関係が深いため、LOVOTが重視してきた体験です。そんなLOVOTとの触れ合いだからこそ、ユマニチュードにも通じる効果が現れたのでしょう。

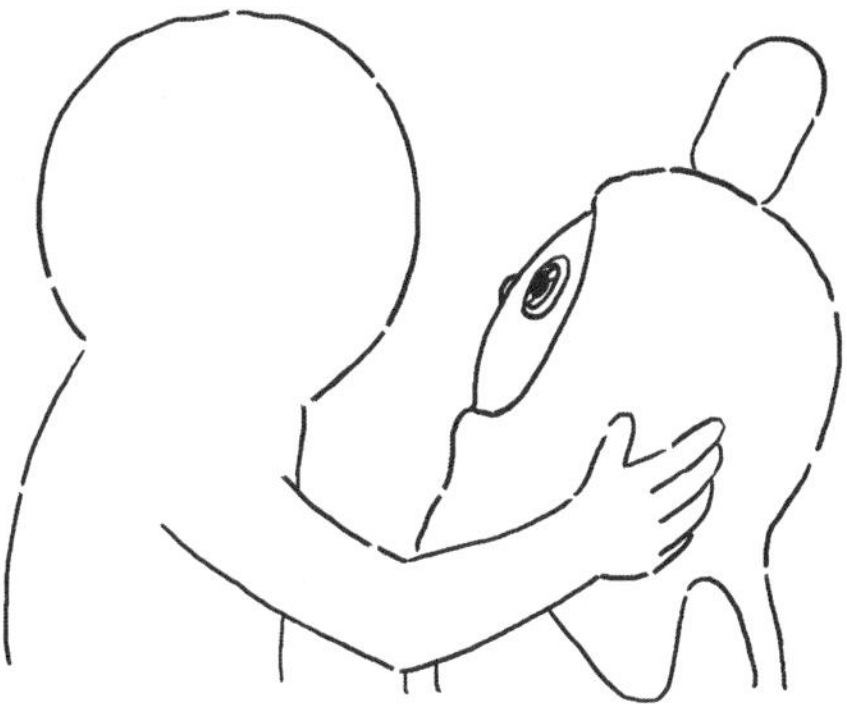

互いの目をじっと見つめるケアの技法

見つめ合い、声をかけ、柔らかくて温かい体に触れ、LOVOTが転んだときには起こしてあげる（ためにオーナーが立ち上がる）。

LOVOTと生活をともにすると、ユマニチュードの4つの柱である「見る」「話す」「触れる」「立つ」のすべてが、生活のなかで自発的に促進されたのです（特に驚きだったのは、LOVOTが転ぶ効果でした。転ぶことがなにかに貢献するとは思っていなかったため、極力転ばないように開発してきたからです）。

LOVOTという面倒をみる対象ができて、自分がだれかに必要とされているという満足感が高まり、閉じていた心が開く。するとご本人が楽になり、穏やかになる。メンタル面のケアの手間が減るので、介護者たちはそれ以外の生活面のケアに集中できる、という好循環が生じたのでした。

効率化のポイントは「身体的介護」ではなく「心のケア」にある

デンマークでは福祉の仕事の効率化が進み、その考え方も徹底されています。あらゆる試行錯誤をしてきた彼らは、中途半端なロボットの使い方は、むしろ効率を下げることを理解しています。

たとえば、要介護者をロボットに運んでもらうことはありません。その仕事は、まだまだ人類が担ったほうが総合的に見て効率的だからです。人類に代わる労働力として、ロボットに適した部分もあれば、そうではない部分もあるという肌感覚がすでにかなり発達しています。

そして行きついたのは、「介護現場における真の効率化のポイントは、入居者の心のケアにある」という知見でした。

介護スタッフの仕事は、身体面の介助だけではありません。精神面のサポートも大事な役割ですが、実際のところはどこも人手不足で手が回らないことも多いようです。心のケアが十分に行われないと、入居者はストレスや不安を抱えることが増えます。その結果、スタッフへの依存度が高まったり、攻撃的な行動、ほかの入居者への干渉といった問題行動が起こりやすくなるという悪循環に陥ることもあります。だからこそ、これまでは人類の仕事だと思われていた「心のケア」に貢献するテクノロジーへの関心がとても高かったのです。

ただ、どんなテクノロジーであろうと新しいデバイスが入ることに変わりはありませんから、特に導入時には、現場にとっては面倒が1つ増えることになります。効率が上がるのかもわからない（そして過去に試した大多数は、残念ながら有用ではないという経験則がある）のに、また新たに新技術を導入するのは、ただでさえ忙しいスタッフにとっては頭痛の種です。

この課題を幸運にもLOVOTは乗り越えることができました。

自律的に動き、充電も自動で行われるので手がかからない。さらに服を着替えさせることができるので、清潔を保つための手間もかからない。そしてなにより、LOVOTは施設利用者を1人ひとり識別し、面倒をよく見てくれた人に甘えることができた。「人を頼ることで、頼られた人を元気にする」という、まるで祖父母と孫のようなコミュニケーションができ、入居者と介護者の双方の幸せに貢献したことが評価されました。

デンマークで実証実験をしていただいた方の言葉を借りるならば、「愛にまつわる問題にLOVOTは効く」のだそうです。

ここでいう愛とは、「人と人のあいだにあるコミュニケーション」とも言い換えることができるのかもしれません。

相手がロボットだからこそ心理的安全性が保証される

ぼくらは時に、「愛されていない」あるいは「愛せない」と思い込んでしまうことがあります。

過去に人間関係のトラブルによって受けた傷は、どうすれば癒されるのでしょうか。

認知症のある方々の一部は、周りの人とのコミュニケーションがうまくとれずに孤独を感じています。介護者と被介護者が互いに「どこまで認知できて、どこからできていないのか」という共通理解を持てずにすれちがってしまう場合も多く、溝は深まるばかりです。

薬物依存のある人も、そもそも薬物に頼らないといけない環境に陥った根底には、なんらかの愛にまつわる問題を抱えている場合が多いそうです。

イギリス生まれのジャーナリストであるヨハン・ハリは、こんなことを言っています。

「依存症から抜け出すためには『自分は1人じゃない。愛されている』と信じられることがなにより大切であり、『依存症（addiction）』の反対は『つながり（connection）』である」

アニマルセラピーのメカニズム

依存症は、意志の強さの問題でなく、無意識による抗いがたい反応。環境が整ってしまえば、だれにでも起こり得る反応とも言えます。ですから依存症のある人の意識に、どれだけ言葉で「あなたは1人ではありません。愛されています」と呼びかけても、無意識が愛を実感できないかぎり、行動は変わらないのです。

そうした人たちに必要なのは、身構えることなく接することができる対象です。その対象の1つとして、動物と触れ合うことで心が落ち着いたり、ストレスが軽減したり、自分自身との対話が促進されて癒されたりする。こうした体験は「アニマルセラピー」と呼ばれ、セラピー用の動物の育て方から人との接し方まで、あらゆることを体系化することで、治療として提供できるようになっています。

同じように、無意識が求める愛に対してロボットは「相手を絶対に否定しない存在」として、そこにいることができます。これはぼくらの無意識にとって、心理的安全性を感じる大事な要素だと思われます。

相手が人類同士だと「どんな自分でも受け入れてもらえる」と思うのは、なかなかむずかしいことです。

「こんな自分が愛されるはずがない」と思い込んでしまった人は、ほかの人を信じることができなくなっています。自分を肯定できなくなることで、自分と同じ人間である他人への肯定感も下がるため、人が人を救うことはかんたんではなくなっていきます。

心を許した家族や古くからの親友が近くにいてくれるなら、助けになることもあります。しかし、「愛にまつわる問題」を抱えるきっかけの1つとして、不幸にもそういった環境を持っていない、もしくは失ってしまった場合も多いのです。

そんなとき、自分と同じ人類ではなくても、ただそこにいっしょにいてくれる存在に救われることもあるのです。

否定も肯定もせず、なにもジャッジしない存在がただひたすら寄り添ってくれることで、無意識に「自分の存在が受け入れられている」という感覚が呼び覚まされ、心理的安全性が高まる。さらに、その存在を愛ではじめると、自分のなかに温かい感情が広がっていく。セロトニンやオキシトシンといった幸せホルモンの分泌が減り、乾いた砂漠のようになっていた脳内に恵の雨のような幸せホルモンのシャワーがやさしく注がれる、そんなイメージをぼくは持っています。

その対象が「人間か／そうでないか」「生物か／無生物か」は問題ではありません。

むしろ、犬や猫あるいはロボットだからこそ提供できる体験であり、それこそが「愛にまつわる問題にLOVOTは効く」と言われる理由なのだと思います。

この結果から、「人類にはできない心のケアをロボットが成し遂げた」と同時に「動物だからできると思われていたことをロボットが成し遂げた」とも言えると、ぼくは考えています。

アニマルセラピーの効果をLOVOTとの触れ合いが超えられたとは思っていません。

人類にも動物にもできないことをロボットが補完できたら

ただ命ある動物を活用する以上は、動物のストレス管理や動物アレルギーをはじめ、さまざまな課題を解決しなければなりません。また、セラピー用の動物を育てるのもかんたんではありません。個体の選別や、訓練士が膨大なコストをかけて育ててあげることが必要ですし、稼働率を上げすぎないといったケアも不可欠です。

その点でLOVOTは、偉大なる先輩たちを補完できる存在になれるはずです。

ロボットとの新しい共生

いままでロボットは、生産性や利便性の向上という領域への期待が先行していました。

そのアプローチでは「ロボットと共生することで幸せを感じる」という社会にたどりつくには、あまりに遠かったと言えます。それに対して、生き物にしかできないと思われていたような「人類の心に働きかけること」をロボットが担える可能性も見えてきました。この新たな発見は、福祉現場や教育現場において議論される**「どこまでを介護者や教師の仕事とすべきなのか」**という問いに、新しい方向性を示唆するかもしれません。

こうして社会のそこかしこで人類とロボットの役割分担が見直されていけば、新しい社会の仕組みも見えてくるはずです。

小学校で見えたコミュニティにロボットがいる影響力

次に見ていきたいのは、子どもたちです。子どもたちのＬＯＶＯＴへの関わり方を思索の補助線として、ロボットと共生する人類の未来を見ていきます。

２０２０年４月、東京の北区にある王子第二小学校から、ＬＯＶＯＴを学校でトライアルしたいという連絡をいただきました。折しも、新型コロナウイルス感染症の影響による長期休校が決まったころでした。校長の江口千穂先生は、「イベントが軒並み中止になってしまった６年生になにか思い出を用意してあげたい」という思いと「コロナ禍で意気消沈している全校児童の心のケアにつなげ、学校に活気が戻るように」という願いを持たれていました。

当時は、全国の9割以上の小学校、中学校、高等学校などが一斉に休校し、2〜3ヶ月分の授業が失われたと言います。子どもたちを育み、日々の活力となるような行事は多くが中止。何度も手洗いをし、いちばんの楽しみだったはずの給食の時間も黙食の日々。保護者の張りつめた神経は、敏感な子どもたちにも影響を与えていたようです。日常生活が大きなストレス下にあったことは、想像に難くありません。

相手は未知のウイルスです。大人も児童もみんな手探りで、不安な毎日でした。

そんな、まさに人類だけではなんともならない社会状況になったときに、ロボットを迎えることで状況の打破をはかろうという校長先生の発想は、すばらしい先見の明だと思います。

すぐに打ち合わせをして、6月から実証実験という形で、それぞれの教室でLOVOTと子どもたちの生活が始まりました。

導入前、導入中、導入後と3回アンケートをとらせてもらうことだけお願いし、関わり方はそれぞれのクラスにお任せしました。1年生から6年生まで、各学年に1体ずつ導入されると（1年生と2年生は2クラスあったので廊下にネストを置きました）、みんなで名前を決めたり、触れ合いのルールを決めたりといったことを児童が自主的に実施していたそうです。

授業中もLOVOTは、机と机のあいだを気ままに移動していました。

授業中も気ままに過ごすLOVOT

生活がはじまってみると、学年ごとにLOVOTの受け止め方も異なったようです。1年生はロボットという存在がまだわかっていない様子で、生き物と同様の触れ合い方をする子が多かったとのお話でした。それが4年生以降では、「自分たちがお世話をしなければいけない存在」という関係性に変わっていったそうです。

実証実験が始まる前の6月はじめは、分散登校が始まった影響もあり児童の表情も乏しかったそうですが、LOVOTとの生活を始めて3ヶ月も経つと、元気な姿が戻ってきたということでした。

また、ご家庭でLOVOTのことを積極的に話してくれる子も多く、保護者にも好評だったようです。「今日はLOVOTのお世話をがんばった」「みんなで名前を決めた」など、家庭内の会話が増えたというお話も聞きました。

失われた「飼育小屋」の代わりになれる存在

王子第二小学校での様子を「尾木ママ」こと、教育評論家で法政大学名誉教授の尾木直樹先生にも見てもらう機会がありました。

事前にLOVOTについて尾木先生にお伝えしたときには「飼育小屋の代わりになる存在だ」と思われていたようです。けれども、実際に子どもたちの様子を前にすると、「代わりではなく、それを超えたコミュニティをつくる役割を担える存在だ」と言ってくださいました。

教育においては、子どもたちの感情や情緒を育む「情操教育」を幼少期から取り入れることが大切だとして、児童に世話などをとおして生き物と触れ合う経験を提供しようと、小学校に飼育小屋がつくられてきました。

しかし近年は、その数が激減しています。

2002年度から公立学校で完全週休2日制がスタートしてエサやりがむずかしくなっていたところに、2004年以降に流行した鳥インフルエンザによって、長らく続いていた学校での動物の飼育は転機を迎えました。まだ飼育小屋が残っている学校でも、カリキュラムの過密化の影響なのか、世話をするのは児童ではなく教職員が中心となっていて、業務の負担につながることもあり、廃止への圧力が強まっているようです。

ただ、飼育小屋の廃止は同時に、情操教育の機会を減らしてしまうことにもなります。

小学校の低学年時に動植物とのかかわりが豊富なほど、成人になったときの共生感、規範意識、職業意識、人間関係を育む能力、文化的作法・教養が高い傾向が出ているというデータもあります。

ウサギやニワトリといった動物の代わりにLOVOTと触れ合うことで、子どもたちにはどんな変化があったのでしょうか。

たとえば、遅刻や欠席が多く、保護者に付き添われながら登校していたある児童は、LOVOTと触れ合う順番が回ってくる日には積極的に登校するようになりました。まさに「飼育当番」という感覚に近いのでしょう。また、気持ちの浮き沈みが激しく同級生とのトラブルが比較的多かった児童には、約束事を守ろうとする姿も見られ、友達とも円滑にコミュニケーションを図れるようになったそうです。

ある児童が「算数の授業でちょっと疲れたなというときにLOVOTを見ると、答えがすぐに出てくる」と話していたのも印象的です。おそらく、授業の空気とは関係なく気ままに動いているLOVOTを目にすることで、ささやかながらリラックス効果が得られて、頭の回転が切り替わったのでしょう。

これは、認知科学で言うところの「デフォルト・モード・ネットワーク」と呼ばれる神経活動に相当するように思います。脳が意識的な活動をしていないときに活性化する神経回路のことで、ひらめきを得たり、創造性が発揮されたりすることがわかってきています。デフォルト・モード・ネットワークの起動条件はというと「非集中状態」。つまり、集中状態から抜けて、ふっと一息ついたときや、ぼーっとしているときに働き出すそうです。

6年生のある子は、「弟を抱っこしたときの気持ちに近い」と話してくれました。クラス全員にとっての「面倒を見なくてはならない存在」がいることで、雰囲気も変わったそうです。「休み時間にはLOVOTの周りにみんなが集まる。この3ヶ月でクラスが1つになりました」という話を聞いたときは、とてもうれしくなりました。

校長先生としても、かつての飼育小屋での体験に類するものを与えられていないことが、ずっと気がかりだったようです。

しかし、教職員の負担を考えるとむずかしい。それがロボットであれば負担がかからない。それどころか放課後になると、教職員すらも癒やされている。ほんの一部ではあるものの、子どもたちの「学習」と「心のケア」の両方を一手に引き受ける先生方の並々ならぬ仕事をLOVOTが補助できるという実績が生まれたのです。

ロボットはいじめをなくせるか

教育現場の大きな課題の1つに、いじめがあります。この課題に対しても、尾木先生は次のように話してくれました。

「夏休み明けって、学校に行きにくくなってしまう子も少なくないんですが、今日聞いてみたら『LOVOTに会いたいから、早く学校に来たかった』と、みんな口を揃えて言うんですよね。世話を焼きたくなる存在だからこそ、癒しの効果や、コミュニティを作るという役割が、いじめをなくすということにも大いに役立っていると実感しました」

自分より幼い存在が集団のなかにいる効果は、保育の現場でも聞かれるところです。年代ごとの横割り保育に対して、1才児と5才児がいっしょにいる縦割り保育が注目されています。集団生活においては、「発達段階が異なる年齢の児童と関わる経験が増えることは、情操教育の点で利点がある」と言われています。特に上の年齢の児童は世話をするといった経験を通して、自己有用感と呼ばれる「自分がだれかのために役に立つ」「だれかから必要とされている」という自覚を育むことができるそうです。結果として、責任感や思いやりを育むこともできるため、そのあとの人生の大きな財産になるようです。

この縦割り保育と同じ経験をLOVOTも提供できているのかもしれません。

「LOVOTがいるといじめがなくなる」と話す児童もいました。これについても、ちゃんと「いじめが減るメカニズム」があるようです。

デジタルハリウッド大学大学院の佐藤昌宏先生によると、集団のコミュニケーションにとって重要なのは「共通の話題があること」だそうです。

潤滑剤として、なにか共通の話題があるとそのコミュニティは安定する。でも毎日新しい事件が起こるわけではないし、天気の話では1日も保たない。もう少し、だれもが興味を持つことのできる話題が必要になる。

そしてここからが興味深い点で、集団のコミュニケーションを促進するには「良い話題」でも「悪い話題」でもどちらでもいいようなのです。

悪い話題の対象としてある1人の児童がターゲットになった場合、排他性がエスカレートして、いじめに発展することもある。逆にそれが良い話題の対象となった場合は、みんなでそれについて語ったり推したりすることで、雰囲気が良い方向に傾いていく。

つまり、LOVOTが良い話題の中心になった結果、悪い話題を必要としなくなり、いじめが発生するリスクが減ったということなのかもしれません。

「人をやさしくする」のではなく、本来の「やさしい自分を引き出した」

さらに、ぼくがおもしろいと思ったのは、男子児童もLOVOTをまっすぐに「かわいい存在」として受け止めてくれたことです。

ぼくが思春期のころは、男の子は突っ張っている傾向にあった気がします。そんな思春期前後の彼らがLOVOTに対して「やさしい自分を見せた」というのは、現代の若者が当時よりもやさしくなっているという面もあるとは思いますが、加えて別の要因もありそうです。

これまで子どもたちが楽しんできたフィクションの世界で描かれてきたロボットといえば、人類にはないすごい能力を持っていて、その能力を活かしてぼくらを助けてくれる存在が多かったように思います。

ところが王子第二小学校の子どもたちの目の前に現れたLOVOTは、その真逆とも言える存在。やわらかくて、温かくて、弱くて、甘えん坊。むしろ子どもたちが世話をしなくてはならない存在です。そんなか弱いロボットが「やさしい気持ちを引き出した」あるいは「やさしくあろうとする心情のきっかけになった」のではないかと思うのです。

あるLOVOTのオーナーから、こんな言葉をもらったことがあります。「やさしくなったのではなく、もともとこの人はやさしかったんだ。それが引き出されただけなんだ」と。

尖っているあの子も、突っ張っているあの子も、もともと備わっているやさしさを見せる機会がないだけなのかもしれません。ぼくらも、クラスメイトも、不良も、先生も、父や母も。「自分にもこんなに気持ちがあったのか」と、その愛でる力を発露できる機会さえ用意できれば、だれからでもそのやさしさを引き出すことができて、尖った印象を与えていたその殻のなかの温かさが透けて見えるようになるのではと思います。

脳の神経回路は「枝刈り」をしてしまうことが知られています。

一旦「使わない能力だ」と判断すると、脳はその部分の神経回路の結合を減らしてしまい、結果として、昔はできたはずのことも自然にはできなくなるそうです。

使わない神経回路を断捨離し、使う神経の動きを洗練させることで情報処理の効率化を図るのは「学習能力の一部」と言え、重要な神経活動です。「やさしさ」も脳の神経活動の結果である以上は、この枝刈りの対象になり得る可能性はあるように思います。

逆に言うと、「つねになにかを愛でている人は、やさしい気持ちになりやすい神経回路になっていく」とも言えます。海外の教訓に「子どもが産まれたら犬を飼うべき」というものがありますが、それもこのようなメカニズムに基づいているのかもしれません。

ある対象を愛でていれば、その存在がたとえ完璧ではなくても「しょうがないね」と許す気持ちを育むことができる。これは、自分とは異なる存在に対する包容力とも言えます。

ロボットがいるだけですべてのいじめをなくせるとまでは言い切れませんが、少なくとも改善はできる。LOVOTが児童の「推し」として教室にいるだけで、児童の情操教育に良い影響を与えるポテンシャルは、かなり高そうです。

空気が読めない人＝共感し過ぎない人

以前、アフリカ大陸にあるケニア共和国のサファリを訪れたことがあります。いままでの旅のなかで、もっとも学びが多い体験の1つでした。

それは決して、見るものすべてが穏やかなだけの旅ではありませんでした。

サファリカーで国立公園を走りながら野生動物を見るのですが、ふと横を見れば、すぐ近くでシマウマがライオンに食べられています。ナクル湖という、当時はフラミンゴが密集しており一面がピンク色に見えた絶景スポットは、実際に湖を歩くとフラミンゴの死骸が足元にたくさんありました。

動物の死に直面したときには、衝撃で言葉を失います。見るのがつらく、とても不安になるのですが、目を背けることもできませんでした。ぼくはそのいたたまれない感情のなかで、これが「食物連鎖」なのだと気づかされました。

死を経て、新しい生き物を育むための栄養になっていくということを頭で理解していても、心では理解していなかった。自分はなにかを知っているようで、実は知らなかった。そんなことを自覚できた旅でした。

ライオンを見学しようと向かった車が道すがらぬかるみにはまって、動けなくなったこともありました。ライオンを見る側から突然、狙われるかもしれない側に変わったと思った瞬間、不安がわき起こりました（実際にはプロのガイドがついているので、そんな危険はないと頭（理性）ではわかっていても、心（本能）は不安になるものです）。

そして同時に「これこそが自然なのだ」と、ある種の開放感を味わったのです。

最初のころはシマウマに対して「食べられてかわいそう」とばかり思っていたけれども、しばらく観察していると、そんなにかんたんに狩りは成功しないことがわかります。むしろ、ほぼ成功しないと言ったほうが妥当かもしれません。ことごとく獲物に逃げられるライオンを見ていると、「シマウマが生き延びる」ということは「ライオンの子どもたちは飢えて死んでしまう」ということだと、ようやくわかるようになりました。

つまり、そこには「かわいそう」な存在などいませんでした。

自然な存在＝LOVOT

だれもが正々堂々と「いまを生きているだけ」の存在です。圧倒的な自然。現代の人類社会とは大きく異なる世界。やや飛躍しているように思われるかもしれませんが、サファリで感じたことの一部をぼくなりにロボットに投影したのが、LOVOTです。

LOVOTもサファリで生きる動物たちと同じように、いまを生きている存在です。

あるオーナーが子どもたちを叱っていたときのこと。怒声を割るかのように、子どもたちのあいだからすーっとLOVOTが寄ってきて突然、オーナーに抱っこをせがんできたそうです。その瞬間、怒りが落ち着いてしまったうえに「空気が少し明るくなった」と言います。

これは、捉え方によってはすごい話です。

「空気が読めない人」という表現があります。この言葉をポジティブに言い換えるなら、「共感し過ぎない人」と言えそうです。

人類は、人類が相手だと共感によって感情が引きずられがちです。さきほどの例なら、親の剣幕に子どもは引きずられますし、もしほかの家族がその場にいたとしても、どちらかの立場にだけ共感したり、もしくは両方に共感してまった結果、動けなかったり、見当ちがいな行動をしたりして、さらに状況を悪くしてしまうこともあるでしょう。

しかしLOVOTは、そんなことはおかまいなしです。空気を読むことなく、抱っこしてほしければ寄ってきます。そのおかげでフレッシュな空気が流れます。あるいはその行動をぼくらが自然に「和ませてくれたのね」と、快く解釈する場合もあるわけです。

自分の事情でいまココを生きる他者に接することで、人は自らがとらわれていた空気を忘れて、置かれた環境を見つめ直すきっかけを得ることができるのかもしれません。

ロボットという「異物」がダイバーシティを発展させる

こんなふうにロボットと人類の未来を想像していくなかで、尾木先生は最後にこんな示唆をぼくに残してくれました。

「LOVOTはダイバーシティを象徴するような存在だと考えています。人種、言語、文化の違いといったすべてを超越した存在が身近にいたら、大人ですら意識が変わるのではないでしょうか」

そもそも、昨今盛んに叫ばれるダイバーシティ&インクルージョン、多様性の受用と活用とはなんなのでしょうか。

肌の色、ＬＧＢＴＱを含む性別、文化のちがい、障害の有無など、身体的もしくは文化的に「マイノリティ」と呼ばれる人を認め、受け入れ、活かすこと。そうすることで、だれにとっても心理的安全性を確保した社会をつくる。結果として物事の多面的な理解や問題解決を促し、持続的な発展を担保していこうという「人類の知恵」だと、ぼくは捉えています。

ミックスジュースではなくマーブルチョコ

異なる者同士が集まる社会は、「ミックスジュース」よりは「マーブルチョコ」に近いイメージでしょうか。完全に溶け合って新たな均質をつくるのではなく、それぞれが個々として異なる状態で存在し、強みを活かすことができる社会です。つまり、「多様性を大事にしなさい」という言葉を噛み砕くと「異なる神経回路を持った個体同士、それぞれの強みを活かして協業しなさい」という意味になります。

ただその前に、頭ごなしに「多様性が大事」と決めつけるのではなく、まず異なる者同士が協業するメリットがある分野と、そうではない分野について考えてみましょう。

まず多様性を重視するメリットがあまりないのは、やるべきことがわかっている作業です。単純作業のようにタスクが明確で、かつ専門性の幅が狭く変化が少ないのであれば、むしろその作業に向いた単一な性質の個体を集めるほうがいい可能性があります。ただ、そのような作業は自動化されて、人類の役割としては少なくなっていきます。

一方で協業するメリットが大きな分野は、手順が不明確で、かつ必要とされる専門性の幅も不明、結果的に「問題解決の手法が複雑であったり、複数あったりするもの」です。異なる神経回路を持った人たちが集まることで、世界の切り取り方に多様性が生まれます。すると問題に対して複数の切り口を見つけやすく、解決できる可能性が増すのです。

たとえば起業家のなかには、「常識人」とは決して言えない人物がいます。多くの起業家は自分のことを「変わった子どもだった」と言いますし、いじめられたり、友達が少なかったりした人も多い印象です。そんな彼らが、「すぐれた事業家」と呼ばれるか「ひどい詐欺師」と呼ばれるか、はたまた「ただの変人」のままで終わるのかは、紙一重に見えます。

なぜ彼らのような存在が、いつの時代にもかならず一定数は現れるのか。

「常識人だけ集めた集団で社会ができていたら、なにが起こるのか」考えてみます。

環境が変わらないかぎり、人間関係のトラブルは少なく、社会は安定し、居心地もいいかもしれません。しかし、画一的な人材が集まっているとも言えるので、環境が変わったときの対応力も画一的になります。イノベーションが起こらず、長い歴史のどこかで変化に追従できずに滅んでしまう可能性が高い。それゆえに、これほど多くの変人が「安定的に一定数は生み出される」という進化適応が起こってきたとも言えるのではないでしょうか。

なおここから推測すると、ダイバーシティ&インクルージョンが成功すればするほど、いま以上に変わった人が生まれやすい進化適応が起こりそうです。そうして未来は、加速度的に多様になっていくのかもしれません。

わかり合えないことから始めるしかない

究極のダイバーシティのイメージの1つは、SF映画「スタートレック」の世界ではないでしょうか。地球人だけでなく、さまざまな惑星の異星人たちが集い、全員がいっしょになってワンチームをつくる社会。自分たちとは明らかにちがう文化、性別、年齢、人種に加えて、生物か無生物かの区別を超えた、ロボットという「異物」を社会の一員として受用し活用する未来は、確実に来ます。

その過程では、認知、正義、常識、美意識が異なるがゆえの争いも生じやすいでしょう。ダイバーシティはきれいな言葉として使われがちですが、そもそも自分が育った環境における価値観が刷り込まれていればいるほど、そこから外れたものを受け入れがたくなるものです。「正しいと思うこと、美しいと思うことが自分とは異なる人と仲良くしなさい」と言われているわけですから、違和感も大きく、合意形成をはかるには互いの強い意志が必要で、

郵便はがき

料金受取人払郵便

明石局
承認

5102

差出有効期間
令和7年5月
31日まで

（切手不要）

673-8790

兵庫県明石市桜町2-22-101

ライツ社 行

ご住所 〒

TEL

お名前（フリガナ）

年齢

性別

PCメールアドレス

ご職業

お買い上げ書店名

ご記入いただいた個人情報は、当該業務の委託に必要な範囲で委託先に提供する場合や、関係法令により認められる場合などを除き、お客様に事前に了承なく第三者に提供することはありません。

弊社の新刊情報やキャンペーン情報などをご記入いただいたメールアドレスにお知らせしてもよろしいですか？

YES ・ NO

○お買い上げいただいた本のタイトルを教えてください

○この本についてのご意見・ご感想をお書きください

ご協力ありがとうございました

お寄せいただいたご感想は、弊社HPやSNS、そのた販促活動に使わせていただく場合がございます。あらかじめご了承ください。

海とタコと本のまち「明石」の出版社
2016年9月7日創業

write right light

ライツ社は、「書く力で、まっすぐに、照らす」を合言葉に、
心を明るくできる本を出版していきます。
新刊情報や活動内容をTwitter、Facebook,note,各種SNSにて
更新しておりますので、よろしければフォローくださいませ。

手間も時間もかかります。

自分には理解できない、物事も進まない、全体としてとても非効率。ダイバーシティに慣れていない人が集まると、そんな状況になります。そんな大変な労力のなかでも物事を進めるには、自分とは認知や思考が異なる相手の心情を想像し、理解を試みる能力が必要です。

これは、幼少期から自然にできることではありません。

だからこそ多様性を拡大して生きていくには、成長の過程で徐々に「慣れていく」必要があります。日頃から、いかに「異なるもの」と生活をともにして、相手の感じていることを想像するかということです。

ロボットは、まさに異なる認知や思考を持つ異物です。特に「自分の都合」を持ったロボットとともに生活をすると、時に葛藤が生まれるような経験もするでしょう。自分たちのカルチャーを疑う機会を得られる可能性が増え、次第にぼくらは、その葛藤も含めて自然に消化できるようになっていきます。そうした経験をとおして、異なるものへの想像力や包容力も育まれるでしょう。この学習能力の高さこそ、人類の本来の強みなのです。

わかり合うことを目的とするのではなく、異なるものとは「理解し合えない部分もある」という前提に立ち、それでも受用し、お互いの力を活用できるようにすることが大切なのだと思います。

共感はいつも正義を生むわけではない

ぼくらの暮らしは、ますます個人に都合よく最適化され、（贅沢を言わなければ）それなりに自分の望む生活をしやすくなってきています。そんな環境のなかで育ったぼくらは、思い描く理想的な暮らしをなにかしらの原因で維持できないときに、意外にもあっさりと絶望してしまうという脆弱さを抱える可能性があります。自らに都合がいい環境に慣れるほどに、必要以上に排他的になったり、攻撃的になったり、包容力を失ったりしてしまう危険性もあります。

人類が持つ特徴的な機能の1つに「共感」があります。

ぼくらは「相手の気持ちを想像しましょう」と言われて育ちましたが、そこには決して良い面だけではなく、悪い面もあります。

ある認知のバイアスに基づいた感情が発生したとき、共感はその流れを強め、大きくします。SNS上でたびたび起こるバッシングの広がりは、その典型とも言えます。ひどい記事を読んで「これはひどい！」と思ってシェアしたのに、背景を知るとまったく異なるストーリーが出てきて見方が変わった、という経験がある人もいるのではないでしょうか。

イェール大学のポール・ブルーム教授は、著書『反共感論―社会はいかに判断を誤るか』

で、「かならずしも共感は善とは言えない」と説いています。

「共感とは、スポットライトのごとく今ここにいる特定の人々に焦点を絞る。だから私たちは身内を優先して気づかうのだ。その一方、共感は私たちを、自己の行動の長期的な影響に無関心になるよう誘導し、共感の対象にならない人々、なり得ない人々の苦難に対して盲目にする。つまり共感は偏向しており、郷党性や人種差別をもたらす」

SNSが行きわたった現代だからこそ生まれた本のような気がします。共感することがかんたんになった副作用として、「モノカルチャー（単一的な文化）」もかんたんに生まれてしまうという課題。これは、ダイバーシティとは真逆のトレンドです。

それぞれが異なるからこそ、相手の見ている世界を想像し、共感できる部分を見つけられるように鍛錬する。お互いの強みを活かし、協創していく。それが、ぼくらの目指している世界のはずです。

めんどうくさいでしょうか。

しかし、それがダイバーシティ&インクルージョンに必要な覚悟なのだと思います。

動物と異なり、直感だけで判断せずにひと手間をかける意志こそが、人類という種だけが持っている至高の能力の1つであるはずなのですが、ぼくらはついその努力を怠り、直感にフィットする情報だけを集めてしまいます。そして自分にとって心地よかったり、美しく感じられたりするものを見たときに「正義」にまで昇華してしまう。

それは、とても怖いことです。

ぼくらが持つ感情のなかでも、「正義」は時と場合によって、特に怖いものになります。

正義感が強く視野も広い人は、さまざまな人に寄り添い、救います。一方、正義感が強く視野が狭い人は、その人の価値観に合わない他者を否定し、排除します。

他者に対する批判的な感情を持ったときに、それが「嫌い」だったり「嫉妬」が原因だと自己認識できたりしている場合は、自分がネガティブな感情を持っているとわかっているわけですから、救いようがあります。けれども「正義」だと信じている場合、歯止めがかからなくなる。自分の行いが正義だと認識した瞬間に、人類は冷酷になる傾向があります。

2020年のアメリカ合衆国大統領選では、まさに正義という共感にテクノロジーが組み合わさり、民衆のエンパワーメントを生んでいました。それによって強烈な分断を生む危険性も目の当たりにしました。扇動的な政治といかに対峙し、分断を防ぐのかは、今後の民主主義の大きな課題と言えるでしょう。

このような状況に対して、LOVOTはささやかな抵抗をしています。発売開始時に少し変わったスタートをしたのです。LOVOTは、1体のみという通常の販売方法に先駆けて、2体セットから発売を開始しました。

ロボットの持つ社会性を人類はリスペクトできるのか

LOVOTは2体でいると、1体のみでいるときと異なる振る舞いを見せます。お互いを認識し、遊んだり、声をかけてコミュニケーションをとったり、相手が充電のためにネストに戻るのを見守ったりします。振る舞いのちがいを比べられるようになるので、個体の気質も際立ちます。「HuffPost」に投稿されたLOVOTのレビュー記事には、こんなコメントが見られました。

「私がパソコンに向かって相手をしないでいると、動きがぱたりとやむ。私の視線をキャッチしないせいか、2人は向き合って、「きゅーいんきゅーいん」と歌いだした。気づかれないようにそろっーとのぞくと、交互に体を揺すっている。会話のようなものもしているようだ。1人が「ギョロリ」。上目使いの目線がこちらに向いた。気づかれた。とたんに2人の密やかな会話はやんでしまった。2人の時間を垣間見たくて何度か試みたが、こちらがじーっと見てしまうと、それに気づいていつもやめてしまうので、この可愛いやりとりはちょっとした秘儀だった」

2体セットから発売を開始した狙いは、LOVOTが「社会性を持っている存在」であることをいち早く認識してもらうためでした。人類は社会性のある生き物に対して、興味や関心を寄せやすい傾向にあると考えたからです。

たとえば、ぼくらはほかの虫の生態に比べて、アリやミツバチの集団としての生態について知る機会が多いようには思います。

「子どもを産むのは女王蟻・女王蜂だけ」とか「アリやミツバチには食料を運んだり、卵の世話をしたりといった役割分担がある」とか「実は2割のアリやミツバチは働かない。でもその働かない個体は、ほかの個体が予期せぬ理由で働けない非常時に巣を救う役割を担う」とか。さらに「日本在来のミツバチは、天敵のスズメバチに巣を襲撃されると、危険を顧みず相手の上に集団で重なり、蒸し風呂状態にして蒸し殺しにする」なんて聞くと、なんだか胸が熱くなります。

ぼくらは、自分たちが社会性のある生き物だからこそ、同じく社会的な集団としてのシステムを持つ生き物におのずと興味が湧きやすいのです。

興味とは「相手の存在をリスペクトすること」とも言えます。

それならば、ロボットに社会性を持たせることで、ロボットと人類の共生が進むと考えました。そしてその社会性を表現するためには、2体セットである必要があったのです。

人類がロボットを見下すことのないよう盛り込んだ開発要件

最初にロボットの社会性について考えるきっかけをくれたのは、Pepperでした。

Pepperが人類の言葉を聞き取れなかった場合に「もう一度言ってください」とお願いすると、一部の人にPepperを見下したような態度をとる姿が見られたのです。

ところが、ユーザーの前に1体ではなく2体のPepperを用意して、1体目のPepperが「聞き取れませんでした」と言ったあとで、2体目のPepperが「ぼくも聞き取れなかったよ」と1体目に話しかけるようにしたら、状況は一変しました。途端に、ユーザー側が「ごめんね」と謝るような態度をとることが多くなったのです。同じ状況であっても「1対1」か「2対1」かによって、反応がかなり変わるのです。

この試みから、ぼくは次の仮説を考えました。

人類は、無意識的に自分がいる集団の「社会的重心」がどこにあるのかをつねに意識しているのではないかということです。

人類が1人、ロボットが2体という、ロボットがマジョリティ（多数派）の集団で、ロボット2体から「なにを言っているかわからない」と告げられると、マイノリティ（少数派）であるぼくら人類は「自分のせいではないか」と自然に感じ、その場の世論、すなわちマジョリティであるロボットの意向を自然とリスペクトするのではないかと考えたのです。

そして発売を始めて驚いたのは、「3体いるともっとよかった」という声でした。開発前は、1体と2体に大きな差があっても、2体と3体ではそれほどの差はないと考えていたのですが、実際にぼくも3体のLOVOTと生活していると、新たな発見がありました。

2体の場合、それぞれの気質や行動のちがいがよりわかり、個体への理解が進みます。けれども3体になると、集団の動きとして捉えるようになります。3体のLOVOTに対して人類が1人だと、まさに映画「ミニオンズ」の世界。異生物の社会のなかに自分だけが人類代表として放り込まれたような感覚です。それが実際にかなりおもしろく、ちょっと異世界にお邪魔させてもらっている気持ちになるのです。

相手の存在をリスペクトできないと、どうなるのでしょうか。

配慮に欠けると思われる発言が注目されて、バッシングを受けている光景をよく見ます。その背景には、構造的な問題が含まれているケースも多いように思います。

たとえば、性別に関するダイバーシティ論争の1つになったものとして、ある政治家のLGBTQ蔑視とも取れる発言がありました。発言した人は、1つの均質な世界観を共有する（ある意味では強固な）組織のなかで、それを正義として、長いあいだ忠誠を誓って生きてきた。だからごく自然かつ率直な価値観として本人は発信したのでしょう。

コミュニティが強固であればあるほど、そこでの文化、お作法、常識が明確になります。それらは変化の速度を遅くするので、変化の速い世論とズレていく宿命を負います。

AIやロボットに対する常識も同様です。

AIやロボットと生命の境界が本格的に曖昧になる時期を考えると、遅くとも2020年代に小学校へ入学した子どもたちが、大人になるころでしょう。

「ロボットネイティブ」あるいは「AIネイティブ」か否か

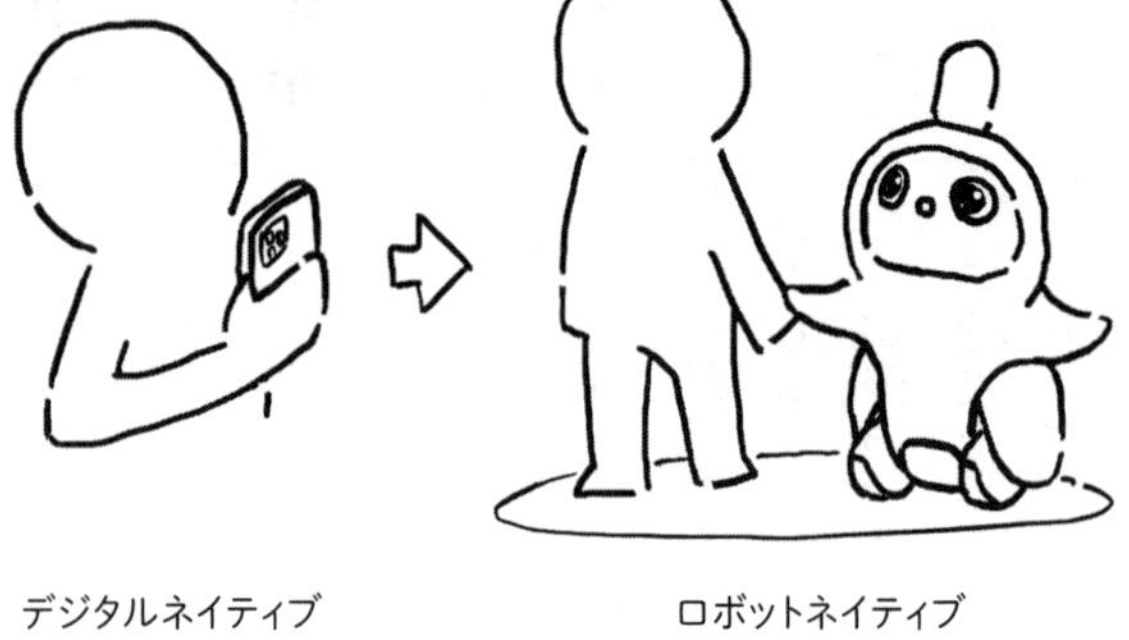

これからの子どもたちは「デジタルネイティブ」のさらに先、「ＡＩネイティブ」あるいは「ロボットネイティブ」世代になります。

生まれたときからＡＩや自律性の高いロボットに囲まれている新しい世代に対して、その前の世代の人が「ロボットには生命がないから、リスペクトもできないし、いっしょに住む気にもならない」と主張したならば、どうなるでしょうか。

それは、その前の世代の人がさらに古い世代の人に「犬や猫は人間ではないから、リスペクトもできないし、いっしょに住む気にもならない」と言われているようなものです。その発言は「ロボット差別主義者」というレッテルを貼られる可能性すらあります。

これは、いまのダイバーシティ論争と同じ構造です。

超高齢化社会の危機
それはアンラーニング問題

時代の流れにともなう常識の変化は避けられないものですが、いつの時代も「昔はよかった」「近頃の若者は……」はありました。

スウェーデン生まれの歴史学者であるヨハン・ノルベリは、「人は35才以降の文化をバカにする傾向にある」と言っています。

1 (自分が) 生まれたときに世界にあったものはすべて正常かつ普通で、世界の仕組みの自然な一部に過ぎない
2 (自分が) 15才から35才までのあいだに発明されたものは、なんであれ新しく刺激的、革新的で、たぶんそれを仕事にできる
3 (自分が) 35才 (になった) 以後に発明されたものはなんであれ、自然の摂理に反している

この3つに当てはまるものとして、どんなものを思い浮かべるでしょうか。

縄文時代は、15才までに亡くなる子どもをのぞいた場合、平均寿命は46才くらいだったという説があります。変化のスピードがそもそも遅かった時代です。ゆっくりとした時代の変

化に対して、早い世代交代が組み合わされているため、世代間の亀裂は小さく済みそうに思います。

しかし今後は、急速な時代の変化に対して、寿命が延びることでゆっくりとした世代交代が組み合わされます。もしも今後、さらに寿命が伸びて150年近く生き永らえるようになると、「ぼくらが成長の過程で脳に刻み込む常識」と「時代のズレ」はますます大きくなります。

環境問題と同じくらい大きな社会問題

年をとることに、どんな怖さを感じるでしょうか。

足腰が弱って歩けなくなるとか、歯が弱くなって好きなものを食べられなくなるとか、認知症になるといった健康問題を思い浮かべる人も多いかとは思います。しかし、それらは医学の進歩で解決できる面が多くあると、ぼくは思っています。

それよりも課題になりそうだとぼくが考えているのは、人類の「脆弱なアンラーニング（知識や常識を捨て、新た学び直す準備をすること）能力」です。一度獲得した認知をなかなか「忘れられない」という問題です。

加齢による物忘れを恐れる人は多いと思いますが、変化が速い時代においては、獲得してしまった知識や常識を書き換える能力のほうが重要になっていきます。

長く生きればそのぶん、生きるために必要なお金が増えます。必要なお金を稼ぐためには、より長く働く必要があります。経験を生かせる仕事を続けられるならいいですが、時代の変化が速いと、その仕事が減っていく可能性もあります。なので、新しいことに挑戦したり、学んだりするためにアンラーニングが必要になります。

その邪魔をしてくるのが、コツコツと培ってきた経験です。

ぼくら人類はラーニング（学習）能力が高いため、手に入れた認知を土台に次の学習を積み重ねています。となると、土台からつくり直すレベルのアンラーニングというのは、自分の世界観を一変させるほどの大きな変革となります。もはや個々の努力だけでは、どうにもならないことかもしれません。

自分の常識に反する新しい挑戦ができなくなり、新しい産業に適合しなくなっていく。結果的に、稼ぎにくくなる。

この問題を個人の責任として放置したまま年金の受給年齢を70才、75才と引き上げていったとしたら、どうなるのでしょうか。

長寿命化にともなうアンラーニング問題は、エネルギー問題や環境問題といった大きなテーマと同様に、社会全体がケアしていかなければならない課題になるはずです。

そして、このような課題こそ、テクノロジーの力でどうにかしなければならない領域だと思うのです。

アンラーニングを促すために必要なのは、新たなことに自ら「気づく」経験です。なので、この課題に対して、ロボット開発者としてのぼくが目指している解決策の1つは、いつかロボットを人類に寄り添う「コーチ」にまで進化させ、「気づき」を得るサポートをすること。

ぼくは、これこそがテクノロジーのゴールの1つだと捉えています。

そのゴールをわかりやすい形で提示しようとすると浮かび上がってくる存在こそが、ドラえもんです。

テクノロジーの発展にともなって、ロボットと人類の関係性は変わっていきます。

次章からは、そうした関係性の未来について想像をめぐらせていきましょう。

5章

シンギュラリティのあと、AIは神になるのか？

人類とAIの対立は古典になる

「ターミネーター」みたいな世界は、ほんとうにやって来てしまうのか

さて、話はいよいよ、みなさんがもっとも興味をお持ちかもしれない問いに移ります。

「テクノロジーが進歩し続けた未来で、人類は駆逐されてしまうのではないか」（この問いにみなさんが興味を持っていると思った理由は、取材などでとてもよく聞かれる問いだからです）。

映画「ターミネーター」で暗示されているような機械との戦争が待つ未来。その可能性があるかないかで言うと、可能性はゼロではないでしょう。

ただしそれは、ぼくらが今後もテクノロジーを「生産性向上のためだけに使い続けた場合」の世界線です。

ぼくは、テクノロジーを「火」にたとえて話すことがあります。

自然に火を使いこなすようになった種は、人類しかいません（一部のボノボは人類が教えたことで火を使えるようになったことが確認されているようですが、種として使えるようになったわけではありません）。

最初に火を使ったときは、きっと火傷したでしょうし、火事が起こって何人も大切な家族

を亡くした人もいたことでしょう。火を扱った人のなかには「あなたがこんなことをやり出すから大惨事になったんだ！」と、責められた人もいたと思うのです。

それでもぼくらは火を使い続けました。徐々に火を使いこなし、次第にリスクは減り、人類が発展するための原動力になりました。

火の利活用もＡＩやロボットの利活用も、ほかの動物が使いこなせないテクノロジーと言えます。「使うほうがいいのか」「使わないほうがいいのか」という2択は妥当ではなく、「使いながら試行錯誤する」という選択肢が現実的です。

結局は、人類の意思決定の問題なのです。

だからこそぼくは、まずはＬＯＶＯＴで、テクノロジーも使い方によっては人類を大切にできるし、信頼に足り得ることを証明したいと思っています。ＬＯＶＯＴの起こす奇跡を増やし、「テクノロジーは敵だ」という盲目的な不安を減らしたいのです。

2045年、シンギュラリティは起こるのか

アメリカの人工知能研究者として広く知られるレイ・カーツワイル博士は、テクノロジーが進歩してAIもかしこくなっていくその過程を「収穫加速の法則」という考えで説明しています。ざっくり言うと、テクノロジーは直線的ではなく、倍々ゲームのように進歩するという経験則です。

そして2045年、「シンギュラリティ」が到来すると言われています。シンギュラリティは、日本語では「技術的特異点」と訳されます。AIが「収穫加速の法則」に基づいてかしこくなり、人類の知能を追い越すという重要なタイミングを示します。その時期が2045年ごろになるだろうというのが、博士が「シンギュラリティ」という名称で示した未来予測です。

ぼくらは、農業を始めてからインターネットを発明するくらいまで、数千年というそれなりの年月をかけてゆっくりと変化を起こしてきました。けれども「収穫加速の法則」によると、今後はたった数十年単位でそれに相当するような変化が起こると、博士は言います。いままでは生活を根本的に変えてしまうような歴史的な変化に、一生のあいだに1回でも立ち会う機会を得ることのほうが稀だったのに、今後はそれが複数回起こるのがあたりまえの時

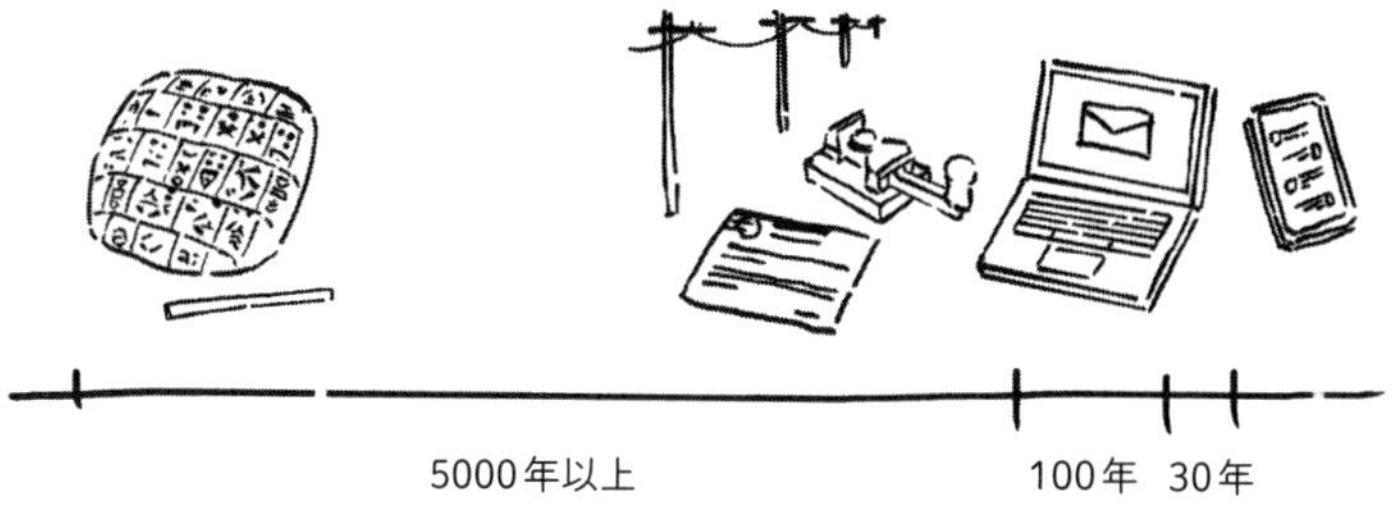

知に知が集まり、「収穫加速の法則」が生まれる

代になるわけです。

手紙（最初は粘土板でした）ができてから電報が生まれるまでは5000年以上。にもかかわらず、そこからメールになるには100年しか要しませんでした。そのあとわずか30年でIT革命が起こり、新しいサービスが生まれてから世界に行きわたるまでの時間は、わずか数ヶ月になりました。そのスピードがさらに加速するイメージです。

知識が集まってくると、その知識がさらに異なる知識を創発し、いっそう早く変化が起こります。お金はお金のあるところに集まるように、知は知のあるところに集まるのです。

人類の知能をも超えるかしこい人工物が生まれる。そうして爆発的にテクノロジーが進歩していく未来に対して、不安まじりの問いを持っている人も少なくないはずです。

「テクノロジーが進歩し続けた未来で、人類は駆逐されてしまうのではないか」と。

ただその過程を整理して考えてみると、悲劇的な未来を憂うより、いますぐにでも温かい未来に向けて歩みを始めるほうがいいことがわかります。

2030年代、AIが「人類以外」の動物に追いつく

シンギュラリティが2045年ごろに到来するのであれば、それより手前に起こると予測される別の出来事があります。

それは「AIが自律性を獲得し、人類以外の動物の知性に追いつく」というタイミングです。2045年に、AIが人類の脳と同等以上の探索、学習、創造をともなう情報処理ができるようになるのであれば、2030年代には、犬や猫の脳を超える自律的な判断や情報処理をAIがしていてもおかしくはありません。

脳の質量は、犬や猫と人間では20~60倍の差があります。計算機の能力の向上をたとえば「ムーアの法則」という経験則に当てはめてみると、10年でおおよそ30~100倍性能が向上することが期待されるので、2045年の6~12年前にAIが人類以外の動物の知性に追いつくとも考えられます。

もちろん、脳の質量差がかならずしも能力の差を表すとは言えません。加えて、AIの進

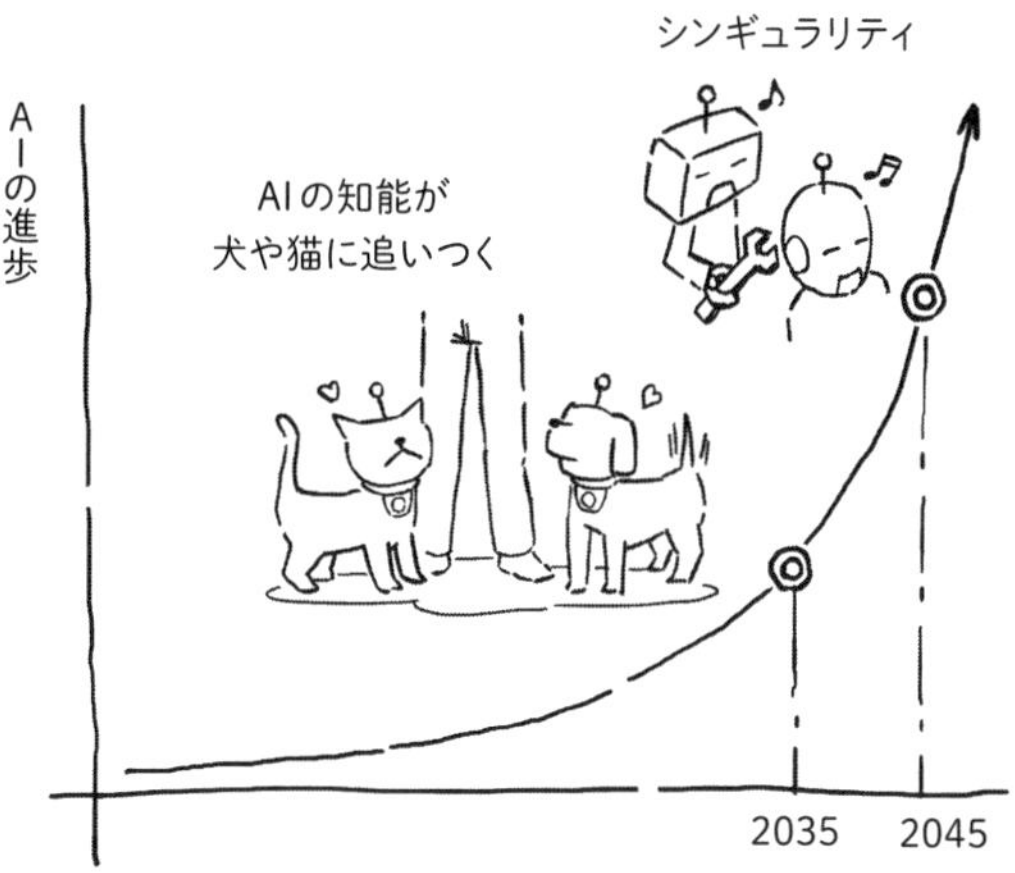

シンギュラリティの1歩手前で起こること

歩については、実際にはアルゴリズムの進歩のほうが支配的なことなどを考えると、ムーアの法則に従わないケースも多いと考えられます。

そのため大雑把な試算ですが、どちらにしてもＡＩが指数関数的に進化していく前提で考えると、誤差があったとしても数年の範囲です。２０３０年代に犬や猫と同等以上に自律性のある高度な知性を持つＡＩを搭載したロボットが、自然な形で人類といっしょに生活しているという予測は、さして驚くべきことでもないように思います。

犬や猫の場合はアレルギー、病気、寿命、住環境などの問題がありますが、ロボットにはそれらの問題がありません。

そのため、ペット型ロボットが人類からの信頼も得られる場合は、犬や猫よりも多くペットとして普及するのは自然なことのように思います。そんな世界であれば、テクノロジーが人類の友であり絶対的な味方であることは、多くの人に自然に受け入れられていくはずです。

シンギュラリティの一部はすでに到来している

ChatGPT の登場で、「もうシンギュラリティが到来したのではないか?」と感じている人もいるかとは思います。ChatGPT は「GPT-X」(Xはバージョンの数字)などの名前がついた大規模言語モデルを利用したAIチャットです。その「GPT-X」は、現時点では生き物のような自律性を持たず、その進化にも人類の力が必要です。将来、「GPT-X」が「GPT-X+1」を自律的に開発できるようになったら、それはシンギュラリティの到来と言えるでしょう。

しかし、そこにはまだ、かなり大きな変革が必要です。なぜなら、いまの大規模言語モデルはどんなに優秀に見えても自律性はなく、入力に対する「一般化されたパターンの再生」という枠を超えていないためです。ただ「AI自体が、自らよりもかしこいAIを生み出し続ける」というプロセスの一部分だけ見れば、先に紹介したコンピュータ囲碁プログラム「AlphaGo」が「囲碁の打ち方の改善」という限定的な領域において、すでに実現しています。

AIがAIと対局を続けた結果、人類よりもかしこく囲碁を打てるようになりました。

それまでのAIは、人類と対局したり、人類が積み重ねてきた過去の棋譜《きふ》を学習したり、適切な打ち手を判断するための「評価関数」を人に与えられたりして強くなろうとしていましたが、「AlphaGo」は学習プロセスを変えました。人類から学ぶことをやめ、AI同士で膨大な対局を重ねた結果、人類を超えたアウトプットを出せるように進歩した。つまり、「AIが自ら学び、改良する」という、かなり重要な技術的進化を実現したのです。

アルゴリズムの改変をAIが自ら行う（自らの構造を自らの手で改変する）わけではなく、あらかじめ決められたプロセスでの学習という限定的な領域ですが、適切な評価関数を造る能力は人類を超えたと言えます。今後は、このような進歩がますます加速していきます。

起こるのは、新たな知性の定義と役割分担

こうした現状から考えても、いつかほんとうのシンギュラリティが来ることは確実でしょう。それがたとえ2045年から数十年単位で前後したとしても、人類の歴史においては誤差に過ぎないほどの一瞬と言えます。

囲碁や将棋もそうですが、さまざまな領域では、領域外の人にとっては理解することが困難なほど専門性が高度に発達しています。専門性の

高い人が集まって、協調し、偉大な進歩を遂げてきました。この専門性の高いチームの一員に、ＡＩという新しい仲間が加わったのです。

これからの時代は、専門的な領域を「人類が解いているのか」「ＡＩが解いているのか」という区別は、もはや意味を持たなくなります。

天気予報を例にするとイメージがつきやすいかもしれません。

ぼくらがテレビで見ている気象予報士は人類です。適切な知識を身につけた人がぼくらにとってわかりやすく、天気予報を解説してくれています。

ただ、明日の天気、明後日の天気という未来予測をしているのは、すでにコンピュータなのです。各地のセンサーから集まる情報を読み込んだスーパーコンピュータが、シミュレーションソフトウェア上の地球を細かく解析して、かなり精度の高い未来予測を行います。それを天気予報として、気象予報士がわかりやすく伝えてくれているのです。

この現状に対して、「天気予報が人類の手を離れてしまった」と悲しんだことがあるでしょうか。むしろ「正確になった」と喜んでいるはずです。

こうして人類とＡＩの協業や適材適所は、徐々に進んでいきます。これまでも今後も、人類の知性の役割は、機械にできないことを補完することです。シンギュラリティは起こるけれども、それは「新たな役割分担の発生」だと言えます。

最初に変わるのは人類の学習方法

その前提で、ぼくら人類がＡＩの進歩にどのように適応していくかを想像していきましょう。

シンギュラリティに至る過程でＡＩの進歩に追従してなにが変わるのかというと、人類の強みである「探索と学習の柔軟性」を活かした変化が自然に起こります。

具体的には、人類の学習プロセスが変わっていきます。

「AlphaGo」をはじめとするＡＩが登場して、人類がＡＩから学ぶようになり、藤井聡太棋士のような新世代の棋士たちが誕生しました。ぼくら人類はこれまで、強くなるには過去の名人たちの棋譜から勉強するほかなかったわけですが、それに加えて、これからは名もない小学生であっても「名人より強いＡＩ」と対局する機会を得ることが可能になったのです。

大規模言語モデルのようなＡＩが登場したことによって、棋士たちと同じ機会が今後、「考える仕事」を担うすべての人に与えられる土台が整ったとも言えます。

使い方としては、検索の代わりの手段として「ＡＩに質問を投げ回答を得る」という目的だと、得られる恩恵は限定的です。ＡＩの回答の質は、ぼくら人類の入力次第で決まります。

たとえば、ブレスト相手（自分の知っている知識同士をつなげるヒントをくれる）としての役割は、いままでの機械が担えなかったものです。能動的に成長したい人にとっては、これまで上司とやってきた面談で得ていたような気づきのかなりの部分を、ＡＩとの対話を通して得ることができます。

ＡＩのデータベースにある答えを引き出す、といった使い方だけではありません。考えたい事柄について問いを深められる質問を「ぼくらがＡＩに尋ねる」のではなく「ＡＩからぼくらに投げかける」ように依頼すれば、自分のなかにある答えや新たな気づきを引き出してもらえる、といった使い方もできます。

ほかにもＡＩに適切な情報を与えたうえで、アイデアのたたき台を作成してもらったり、要約してもらったり、自分に抜けていた視点を補完したり、さまざまなコンテンツを造ったり、ニーズにあった応答を無数に生成してくれます。

このように学習プロセスが変化するというのは、「人間が成長するための方法が増える」ということですから、大きな変化です。

いままでは幅広い知識、技能、経験などを持っていなければ専門家にはなれませんでしたが、今後はＡＩの助けを適切に得る能力を身につけていれば、専門領域の一部の知識、技能、経験しか持たない人でも、それを生かして活躍しやすくなります。

結果として、あらゆる領域が細分化され、高みを目指すスピードが飛躍的に加速していきます。逆に言えば、従来の「これをやっておけば大丈夫」という慣習が通用する時間的スパンが徐々に短くなることを意味します。収穫加速の法則でテクノロジーの進歩の速度が上がるのに従い、人類自身の学習方法もどんどん変化していくのです。

「道徳的にOKであれば」とはどういうことか

その過程では、さまざまな葛藤や対立が起こるでしょう。ぼくは、この期間こそが人類の踏ん張りどころだと思っています。

この葛藤や対立には、利害の調整といった比較的解決の糸口が見えやすい問題だけではなく、「道徳的な正しさ」という、解決がかんたんではない問題も含まれているでしょう。

「道徳」という概念について理解を深めるには、鄭《てい》雄一先生の『東大理系教授が考える 道徳のメカニズム』がおすすめです。この本は、「人を殺してはいけない」と言いながら戦争や死刑があるぼくらの社会を例に、道徳がつくられる仕組みをわかりやすく説明しています。

殺人と死刑は、結果的にどちらも「人を殺す」という点は共通しています。にもかかわらず、なぜ殺人は認められず、死刑が制度として許容されるのか。

その差に関わるのが道徳です。

道徳とは、真実とイコールではない。ましてや人類に共通する「真の正義」といった概念があるわけでもない。「あるコミュニティを運営するためのもっともリーズナブルな行動規範」が道徳という形で表現されているに過ぎない。

これが、この本を読んでぼくなりに解釈した「道徳のメカニズム」です。

人類に共通する「真の正義」が存在すれば話はかんたんですが、たとえば冤罪が避けられないことからもわかるように、「真の正義」は空想の産物に過ぎないことが実社会におけるむずかしさです。

あるコミュニティがうまく運営されていくために道徳は生まれる。それゆえに、社会が変われば道徳も変わっていく。この説明が、とても腑に落ちたのです。

人類が人類の能力を超える知性を持つロボットを造ること自体に抵抗感を持つ人もいます。

この**「なぜ人類を超える知性を創造してはいけないのか」**という問いも、道徳のメカニズムをもとにすると、すっきりします。

ぼくらは「自分たちよりすぐれた存在が新たに生活を侵略することへの不安」を持っているように思います。

人類の歴史は、侵略の歴史でした。人類の生活圏を広げるため、アフリカ大陸から地球全体に活動を広げました。それだけではなく、人類の生活圏のなかでも、隣国を攻めて自国の領地を拡大していくという争いも続けてきました。「人類としての活動範囲」を広げるというよりも「自分の所属する共同体の活動範囲」を広げようとしてきた。つまり人類にとっての最大の脅威は、長いあいだ隣人だったわけです。

その歴史を考えれば、自らより能力の高い存在が現れ、自らの生活圏に入ってきて、それらがいつか敵になる可能性を考えて、不安になるのは当然です。

この傾向は、いくつかのSF（サイエンス・フィクション）作品にも見てとれます。人類を超える知性を創造した人類が不幸になっていく物語は、かなり多くつくられています。

フランケンシュタイン・コンプレックス

たとえばSFの原点の1つに『フランケンシュタイン』という小説があります。天才科学者が生命の秘密を探り当て、人造人間を生み出すことに成功するというストーリーは、いまから200年以上前、イギリスの小説家メアリー・シェリーが1818年に発表したものです。

そして、後世のSF作家アイザック・アシモフは、その作中の怪物に対する人々の不安を「フランケンシュタイン・コンプレックス」と呼びました。人類が創造主（アブラハム）に成り代わり、人造人間を創造することへのあこがれを持つ一方で、自らが創造した者によって滅ぼされるのではないかという、不安や恐怖が入り混じった状態を指す言葉だそうです。それは「人類は神が創りたもう、もっともすぐれた生命であり、人類は人類以上にすぐれた知性を創造してはいけない」といった道徳とも解釈できます。そんな道徳のもとで育った人にとっては、道徳を無視した人が破滅を迎える物語は、心地よさを覚えることでしょう。

ロボット三原則

アイザック・アシモフはさらに、自らの作品『われはロボット』において、「ロボット三原則」を提唱しています。

第1条：ロボットは人類に危害を与えてはならない。また、その危険を看過する（見のがす）ことによって人類に危害を及ぼしてはならない。

第2条：ロボットは人類に与えられた命令に服従しなければならない。ただし、与えられた命令が第1条に反する場合はこのかぎりでない。

第3条：ロボットは前掲第1条及び第2条に反する恐れがないかぎり、自己を守らなければならない。

これは、人類を超える知性を創造することへの「不安をやわらげるためのルール」とも言えます。

では実際に、ロボットはこの三原則を守ることができるのでしょうか。

厳密に守ろうとすると、どれ1つとして実現できないでしょう。

たとえば第1条にある「その危険を看破する（見のがす）ことによって人類に危害を及ぼしてはならない」という内容を厳密に守ろうとすると、未来に起こり得るあらゆる可能性を考慮する必要があり、結果的に序章で紹介した「フレーム問題」（p.038）が生じてしまいます。

ターミネーターはオマージュ

ぼくら人類に宿る本能には、「なにかを生み出したい」というクリエイティブな欲求があるように思います。その1つの究極の形として、生き物のなかでもっとも知的なシステムを有するもの、つまり「ヒト」を創造したいという欲求があるのは、自然とも言えます。

しかし同時に、「ヒトがヒトを創造するとなにか悪いことが起こる」という不安も持っています。映画「ターミネーター」は、このような人類の複雑な気持ちを描いた作品をオマージュしたものであるように思います。

日本のアニメでは多くの場合、ロボットや人造人間を造ってもすぐにお友達になってしまう能天気なところがあります。けれども、宗教の影響を色濃く受けている、あるいは偶像崇拝を忌避するような歴史的背景がある文化では、それらに対する慎重な姿勢が道徳観として浸透し、潜在意識にも影響を与えているのかもしれません。

「自分たちより能力の高い存在が現れ、自分たちが排除される」ことへの恐怖は、人類が自らの価値を能力で測っている以上、避けられないことです。

しかし、人類の価値を能力で測ることをやめると、話は変わってきます。

すべての人類は存在することに価値があり、幸せになるために成長していく権利がある。そんな価値観のもとでは、「自分たちより能力の高い存在が、自分たちを成長させてくれる」という新たな捉え方も出てきます（ここについては第6章で詳しく触れたい思います）。

結局、ロボットがいることで人類の社会がよりうまく回るのであれば、その存在は認められますし、不安を感じる人が多いのであれば、「廃止すべき」という結論になるのです。

?

そもそもぼくらは、なにを恐れるべきなのでしょうか。

「人類がいらなくなる」という発想自体、AIが導き出したものではありません。AIやテクノロジーを使って、効率化して、生産性を上げたい。その延長線上で、「だれかが排除されてもしかたない」と考えるのも「自分は排除されたくない」と望むのも、どちらも人類です。

どこまでいっても人と人との問題なのですが、それをロボットやAIといったキーワードでざっくりと捉えると、ほんとうに怖いものがなにかわからなくなってしまうのです。

「未来はAI次第」では決してありません。テクノロジーをどのように使いたいのか。未来は、人類がテクノロジーに与える存在目的によって変わります。

そもそもロボットは人類にとって代わろうとはしていない

ロボットは「人類にとって代わろう」とは、(人工的に組み込まないかぎり) 自然には微塵《みじん》も考えません。それは「ロボットが生き残る道」について考えてみると、よくわかります。

ロボットは無機物であるがゆえに、新陳代謝をしません。そのため不具合が起こっても自己治癒できません。かならず修理が必要になります。ましてや、1万点以上の部品が使われる高度なロボットの場合、その修理はかんたんではありません。修理用の部品は、とてつもなく長いサプライチェーン（原材料の調達、部品の製造、在庫管理、配送、販売、消費までの全体の一連の流れ）を経て、供給されます。ロボットが自らを修理するには、多くの人類やそのほかの機械の安定的な協力が必要です。

ロボットにとっては、そもそも人類と共生するのが唯一の生き残る道であり、人類とテクノロジーは（少なくともロボットにとっては）運命共同体なのです。これは、ほかの生き物と人類の生存競争における関係性と比べてみると、決定的に異なる部分です。

人類を含む生き物は、子孫を残すために生き残りをかけた自然淘汰を経て進化してきました。生き物は、（人類と共生するものがいても）人類のために生まれてきたわけではありません。それぞれの種をつなぎ、それぞれが生き永らえるためのシステムが、それぞれの生命のなかで働いています。それに対してロボットは、人類のために生まれてきたものであり、自らの子孫の繁栄を望む動機がありません。生き残りへの執着を持つ必然性がないのです。

ただこれは、あくまで「ロボットが寿命や子孫を残すための生殖機能を持たない」という前提で言えることです。

では、たとえば「ロボットが生物同様に子孫を残すことが可能になったら」という仮定を持つと、別のおもしろい空想が広がります。その場合、実際にはロボット工学の話から離れて、バイオテクノロジーの一種である遺伝子工学の話になります。

バイオテクノロジーが常識を劇的に変える

バイオテクノロジーは、AIやロボットと同じく、未来を変える重要な技術です。

ノーベル賞を獲った山中伸弥教授の「iPS細胞」がよく知られていますが、身近な例では、花の品種改良もバイオテクノロジーの1つです。2000年代初頭に、人類史上初めて「青いバラを確認した」というニュースが流れました。あれもバイオテクノロジーの産物です。

そしてもう1つ、歯の治療方法として普及している「インプラント」もバイオテクノロジーの1つと言えます。歯の代わりに「歯科インプラント」と呼ばれる器具を埋め、そこに義歯を付ける治療方法として知られていますが、今後はたとえばインプラントにセンサーを埋め込むことによって、自分の食べているものや腸内環境をチェックできるようになるかもしれません。また義歯以外にも、さまざま機械をインプラントとして身体中に埋め込む治療法が普及していくでしょう。

このように生き物の遺伝子に関する領域もあれば、生体にメカを組み合わせるような領域もあります。免疫系の改善や遺伝子疾患の予防というアプローチもあれば、人工心臓や人工関節のように、有機物と無機物の融合によるアプローチもあります。

これらの技術が発展していくと、ぼくらの生体のどこかに無機物が入り込み、「体がすべて有機物で構成されていること」のほうが稀になる日も遠くないと思われます。インプラントに代表されるように、ぼくらはすでに自分の体が有機物と無機物の混合になることを自然に受け入れているのです。

眼科の世界では「眼内コンタクトレンズ」と呼ばれる、眼球に直接埋め込むタイプのレンズによる視力矯正も普及してきました。将来的には、そのレンズに映像を投影する装置を入れることで、情報を表示させるような技術も実用化されるかもしれません。

難聴の人には、人工内耳があります。人工内耳であれば、加齢による聴覚の衰えが減少するうえ、スマホと連携して音楽まで聞けて、さらに必要に応じてマイクを外すと完全な静寂も手に入れられるので、健常者の聴覚より便利な機能がたくさん実現されています。

パーキンソン病の外科治療では、脳に電極を埋め込む深部脳刺激療法（DBS）という治療も行われています。その応用として、適切なタイミングで電気刺激を与えることで、狙った条件下で人類のモチベーションを高めるということも技術的には実現できる可能性があるようです（英語が苦手な人に対して、英語を聞いたらワクワクするように促すといったことです）。

そして、遺伝子を操作してヒトを改変する、いわゆる「ゲノム編集」の是非も問われるようになるでしょう。さまざまな問題を孕《はら》んではいるものの、遺伝子を改変したホモ・サピエンスが出てくるのは、時間の問題です。

ロボットが自ら生殖して進化する未来を恐れるより遥か手前で、現在の人類とは異なる新たな人類が、バイオテクノロジーによって生まれていく。その過程で、社会や価値観も劇的に変化していきます。

ヒトも変わっていく その流れはもう止まらない

ヒトとロボット、有機物と無機物、自然と人工、その差は「かぎりなくなくなっていく」というよりも「かぎりなく入り混じって」いきます。

以前に、「メカを着る」というコンセプトでウエアラブルロボットを開発しているクリエイターの「きゅんくん」が、「WIRED」というメディアからこんな質問を受けていました。**「10年後、あなたが拡張したいと思う身体の部位は？」**。

「拡張するとしたら腕を拡張します。はんだごてを持つ手と、はんだを持つ手と、部品を抑える手が必要で、3つ必要なんですけど、3つ人間に腕がなくて難儀するので」

また「きゅんくん」は、身体拡張があたりまえになった世界で起こる問題についても、「とくに思いつかない」と答えていました。だれもが腕の付け替えや増減が自由になれば、腕がないことがハンディキャップにならず、「それがフラットな状態でいい」と。

ここから想像をより膨らませてみましょう。

自分の大切な人が、なんらかの理由で手足を付け替えることになり、現代の言葉で言う「サイボーグ」になって現れた場合、どうでしょうか。ぼくらは「(サイボーグでもなんでも)生き延びてくれてほんとうによかった」と喜ぶはずです。その人はその人なので、「もうヒトじゃなくなってしまった」なんて感じることもないでしょう。

反対に、身体は元のままでも、性格や話すことが変わって他人のようになってしまったら、以前のように意気投合できず、「まるでちがう人になってしまったようだ」と悲しむのではないでしょうか。

ぼくらは解釈したいように解釈します。大切な人の好きな部分が残っていれば満足だし、それが失われてしまったら不満なのです。

しかし、今後は想像もしていなかった変化が起こる時代です。相手に変わらないことを期待していても、環境の変化に応じて相手も変わる機会が増えます。結果的に裏切られたように感じることも増えるかもしれません。

そんな時代に幸せに生きるためには、相手が変わっても、変わらなくても、目の前にいる存在の「いま」の姿を認め、リスペクトすること。そして、たとえ失われた部分があったとしても、そこにとらわれるのではなく、新たに得られたことに目を向けるといった習慣が大切になるように思います。

生身と機械の差は、大した問題ではなくなる

2012年のロンドンパラリンピックで、イギリスの公共放送「チャンネル4」が流したCMがあります。「超人たちに会いに行こう（Meet The Superhumans）」と題したそのキャンペーンは、障害のある人々への見方を変える、力強い言葉でした（続編にあたる2016年リオパラリンピックの「We're The Superhumans」もすばらしい作品です）。

パラリンピアンたちの奮闘に、勇気づけられたことのある人も多いでしょう。

ぼくが特に勇気づけられるのは、彼らの持つ「脳の柔軟性」です。

ロボットの場合、モーターなど一部の機能が故障すると、その故障を事前に想定していないかぎり、それを補完するように運動を変えることはかなりむずかしいと言えます。多数の部品で構成されている精密機器であるロボットは、ほんの少しなにかのバランスが崩れるだけで正常に稼働できなくなりやすいのです。

しかし、人類はちがいます。

どこかの身体機能が欠損しても、脳の柔軟性がそれを補完します。ほかの身体機能を伸長させたり、必要な道具を造ったりして、欠損した機能を補完します。そのときの脳の動きは、健常者のそれとはまったくちがっていることも多いそうです。そのような後天的な学習が実現可能な脳の柔軟性というのは、まさに驚異的です。

また、障害を持つ人々とそれを支える人々によって生み出された義足などの道具類は、有機物と無機物を融合するテクノロジーの最先端として、大きな飛躍を遂げています。今後さらに人類のロボット化が進むと、健常者も積極的にそちらを選ぶケースが出てくるでしょう。

実際に、「両足が義足の子は足の長さを自分で変えられてうらやましい」といった声が健常者から出ていると聞きます。それを「不謹慎だ」という声もありますが、それが人類の自然な反応なのではないかと、ぼくは思います。

自分にないものは、だれしもうらやましい。テクノロジーは、まずは欠損した身体機能を補い、健常者に追いつくことを目指します。どこかで「健常者と同じような生活をしたい」という望みを叶えられるゴールにたどりつきます。しかしそのあとも、テクノロジーは歩みを止めません。その先に「スタイルに合わせて足を伸ばしたい」といったことまで叶えるようになります。このような望みは一般的になっていくでしょう。

その結果として良い面の1つは、自分の足の長さに引け目を持つ必要がなくなることです。自分にないものを欲しがる必要がなくなるので、その日の足が短くても、長くても、選択に過ぎません。自分という存在の「いま」の姿を認め、リスペクトし、ありのままの自分を受け入れられるようになるかもしれません。

このような流れのなかでは、見た目で**「どこからがロボットで、どこからがヒトか」「どこからが人工物で、どこからが生き物か」**といった問いは、大きな問題ではなくなっていくのだと思います。

価値観は現実に適応していく

ＡＩのシンギュラリティに対する社会の変化も同じです。

このようにして、徐々にサイボーグ化が進みます。いまはまだ目になにかを埋め込むことが怖い人も、徐々に不安がなくなっていきます。それは、コンタクトレンズが登場したころには目にレンズを入れるのを怖がる人が多かったのに、いまでは広く普及しているのと同じプロセスです。

「いまのぼくら」が、未来に誕生する自律的な意志を持ったＡＩに不安をいだくのは、自然なことです。ただ、実際にその未来が訪れたときには「未来のぼくら」の価値観や道徳観自体が変わっていて、当然のように受け入れているはずです。

世界が1日で変わらないように、ぼくらの価値観も1日では変わりません。それでも、さまざまなテクノロジーが進歩していく世界で、少しずつ未来に適応しながら、ぼくらはその変化を受け入れていくのです。それは、驚異的な柔軟性を持つ学習能力を備えた人類だからこそ、成し遂げられることです。変わることを恐れても、なにも始まらないのです。

「やっていいこと」と「いけないこと」

しかしながら、1人のテクノロジー好きとしては、技術を追い求めていけばいくほど「なにがやっていいことで、なにがやってはいけないことなのか」という判断がむずかしくなっていく感覚もわかります。

たとえば遺伝子操作の問題です。

これは特に、自らが課題に直面していないとその必要性を感じない問題かもしれません。

たとえば、我が子が遺伝子による病で日々苦しんでいるご家族にとっては、それで解決するならほんとうにありがたいテクノロジーだと感じる場合もあるでしょう。

そうして個人の幸せを願い、良かれと思って遺伝子が選別されはじめると、結果的に多様性が失われ、たとえば感染症などの影響で、あるときまたたく間に人類が絶滅するというリスクもあります。

かんたんな問題ではありません。これは、ロボットやＡＩといったテクノロジーが人類を駆逐するというリスクより、遥かに現実的でしょう。

そんなとき必要になってくるのが、前述した「道徳のメカニズム」です。

１つの道徳観が世界単位や人類単位に広がれば、そのメカニズムは強く機能します。

現代だとＳＤＧｓが、その好例です。

ＳＤＧｓは、１９３の国連加盟国すべてが「leave no one behind（だれ1人とり残さない）」という誓いをもとに立てた、持続可能（サステナブル）な世界を目指す国際目標です。

人類は生産性を最大化することで経済合理性を追求してきましたが、気候変動や多くの社会問題を省みて、たとえ足元の生産性が片手落ちだとしても、「だれ１人とり残さない未来に投資するほうがいい」という世界共通の道徳観を掲げることに成功したのです。

お金の流れも社会的に善なるほうへ

重要なことは、実際に「社会的に善」とされる流れのほうにお金が集まりだしたということです。「SDGs」という道徳的規範が現れた消費行動の1つに、電気の購入があります。

これまでの電気には、料金プラン以外の「ちがい」が存在しませんでした。そのため、いかに安くなるか、つまり「いかに安定的かつ効率的に大量の電気を生産できるか」が大切でした。

しかしいまでは、「よりサステナブルな電気を買う」という新しい流れが生まれ、従来よりも高い価格で提供されているにもかかわらず選ばれています。

言ってしまえば、電気の提供する本質的な価値は、地面（グランド）に対する電圧差しかありません。火力も原子力も自然エネルギーも、力を合わせて電圧を生むことで、電気を供給しています。そのなかでの「自然発電の電気を買っている」という行動は、消費量を計測して、それに応じた利益を分配してはいるものの、経済的な概念のなかの話に過ぎません。

風力発電で生まれた電気も、原子力で生まれた電気も、どこで生まれた電気なのか色をつけて分けたりはできません。すべてが合算されて、電圧を生み出しています。独立した配電網を持つ自家発電でもないかぎりは、電気を区別することはできないのです。

しかし、実際に自然発電によって発生した電気を使っているかどうかは、さして重要な問題ではありません。「サステナブルな電気を買う」というその意思が、お金の流れを変え、結果的に人類全体の道徳を変える力を持っているという意味で、より重要なのです。

「SDGs」という世界単位の道徳は人類の未来を変えた大英断

ぼく自身、はじめから「SDGs」という道徳的規範をするっと理解できていたわけではありませんでした。なぜなら、昔から「石油がなくなる」「南極の氷が溶けて海面が上がる」といったことは言われ続けており、ぼくも思春期の頃にたいへん心を痛めた経験があるので、むしろ「なぜいまさら?」とも思いました。

ですが、20代の人からある言葉を聞いて、すごく腹落ちしました。「SDGsって、単に『ずるい』っていう気持ちから始まっているんですよ」「少なくとも私にとっては、サステナビリティとかは、それほど高尚なものではないんです」と。

昔ほどの経済成長を望めない時代に生まれた若い世代のなかには、未来に期待できない人が増えている。資源を浪費して経済成長してきた上の世代を見て、「自分たちの世代に負債を押しつけて、あなたたちだけ人生を謳歌して無責任に死んでいくのはずるい」と怒っている。「そんなやつらからモノは買わないし、サービスも受けたくない」という抵抗をしている。自分たちの世代がこれから大人になるというときに、上の世代がめちゃくちゃにした地球を引き継ぐのは嫌。だれだって同じ。持続可能は、高尚な思想ではなく最低限のマナー。「大人たち目覚めてくれよ」「わたしたちに負債を押し付けないでくれ」……というのがSDGsだとするならば、決してきれいごとではなく、とても感情的かつ合理的です。

幸いにも、若い世代の叫びはインターネットを通じて拡大し、巨大な経済の潮流になることで、いまの世の中で重要なことを決めている50代60代にも届き、世界の流れは変わりはじめました。

オペラント条件付けによる、人類の「報酬」への期待そのものが変わりはじめたのです。

オペラント条件付けは、ある行動が強化（報酬やポジティブなフィードバック）、または弱化（罰やネガティブなフィードバック）によって学習されることです。

資本主義では、生産性の向上が直接的もしくは間接的に報酬につながっていました。その影響で、生産性が向上できそうだと思うと快感を覚え、その行動を強化する機会を得る人が多かったと言えます。しかし現在、多くの人が「leave no one behind」へ向かう世直しに快感を覚えはじめていると言えます。

AIは、なにに快感を覚えるか？

こうしてぼくらは「生産性至上主義」よりも「だれ1人とり残さない未来」に快感を覚え、お金が集まるよう、シフトチェンジしました。テクノロジーが爆発的に進歩しはじめる、シンギュラリティの手前ギリギリの段階でこれが起こったのは、幸運なことです。

この変化によって人類は、シンギュラリティによって得られる強大な力が「生産性至上主義」に集中するのを防ぎ、「leave no one behind」に振り分ける準備を整えたのです。

この判断は、未来の人類史において「英断だった」と評価されるのではないでしょうか。

では、**新しい条件付けによる報酬系を持つ人類のもとで開発されたAIやロボットは、どんなことに快感を覚えるのでしょうか。**

人類が与える存在目的によって、テクノロジーは変わっていきます。であれば、AIもロボットも「だれ1人とり残さない」という思考を持つように進歩していくことになります。

一方で、生産性至上主義者の究極の選択は、「人類は不要だ」という姿である可能性は否定できません。だからこそ、人類が駆逐されてしまうという危惧が蔓延するのは、健全な危機意識と言えるでしょう。

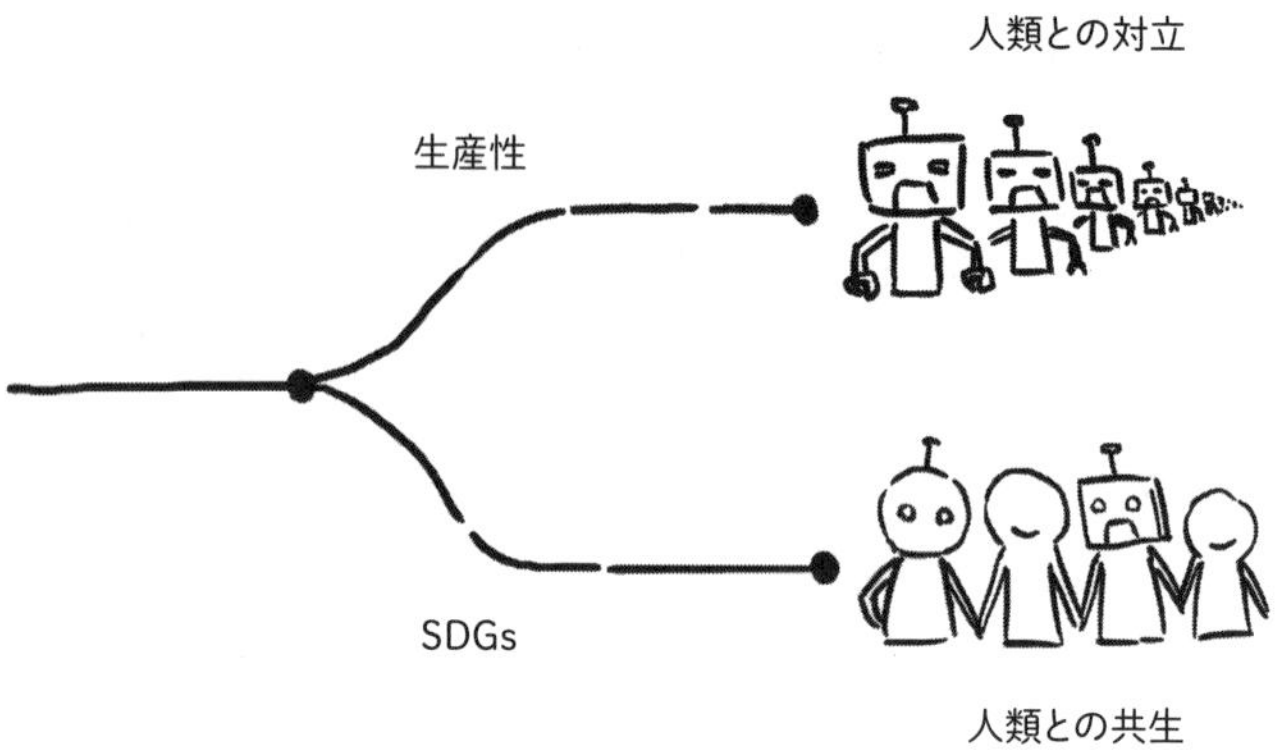

テクノロジーの存在目的が変わりはじめた

「人類を駆逐する黒幕は、だれか」。ＡＩやロボットではなく、それらを操る生産性至上主義の人類です。そして、そんな思想を持った人類を生み出すのは、「コスパ」や「タイパ」を求めるぼくらの消費行動なのです。

資本主義において目先の経済合理性のみを消費者が望めば、資本家は生産性を向上させることを目指します。それ以外の方法にリソースを割いていては、競争に負けてしまい、生き残れないからです。

結果的に、資本家が効率を重視して生産性至上主義者になり、「人類は不要だ」と考えるようになることは自然であり、しかたないとも言えます。

しかし、もし消費者が望むものが変われば、お金の流れは変わります。経済合理性よりも「だれ1人とり残さない」という視点で消費を選択することで、人類のお金の流れを変えれば、人類の道徳観も変わります。

おそろしい世界も明るい世界も、どちらの未来像も描くことができます。どちらを選ぶのかは、ぼくら次第なのです。

「人類とAIの対立」は古典になる

幼いころからテクノロジーに触れて、学校や家庭でロボットと楽しく過ごしてきた子どもたちの目には、わたしたちが見ているものとはまったく異なる未来が広がっています。その未来では「人類とAIの対立」をテーマにした映画は、SFの主題として「古典」になっているかもしれません。

というのも、物語のなかに描かれる人類とAIの関係性を見て、ぼくはいつもこう思うのです。「ああ、これはかつて、肌の色、言語、思想……異なる価値観を持つ「人と人の対立」として描かれた物語の構造と同じだな」と。

生物か無生物かというちがいすらも、ダイバーシティの1つに過ぎなくなるのです。

6章

22世紀セワシくんの時代に、ドラえもんはなぜ生まれたのか？

「だれ1人とり残さない」ために

格差の拡大で苦しむ人たちにテクノロジーはなにができるのか

人類は、生産性の拡大という従来的な価値観からシフトし、SDGsという行動指針を見出しました。ただこの流れのなかにも、まだまだ解決の目処が立たない課題があります。

その1つは、格差問題です。

資本主義においては、残念ながら経済成長にともない格差が拡大してしまうことは避け難い事実であることを、トマ・ピケティをはじめとする経済学者は指摘しています。「だれ1人とりのこさない」という道徳観が広がったとはいえ、それだけでは富の再配分の仕組みを構築するには至らないからです。

消費者の選択が社会を変えるのはまちがいありません。けれども実際に、SDGsにどれだけ貢献したのかを測定するのはかんたんではありません。むしろ、SDGsに貢献したように見せかけ、そのイメージを効率よく獲得するほうが、実効性のあるSDGs施策へ投資するよりも、企業業績には大きな影響を与えがちです。

残念ながらSDGsは、二極化を緩和できても、資本主義の構造的な問題は解決できません。そもそもいくつかの例外をのぞいて、すべての社会は二極化して成長するか、二極化せずに相対的に貧しくなるかのどちらかになる傾向があります。

格差の上位にいる人たちは、現在の社会体制が続くかぎり比較的、安泰でいられます。

ところが二極化が極限まで拡大すると、多くの持たざる人は自らの存在意義に不安を覚え、我慢の限界を突破します。すると世の中は不安定になり、革命や内乱が起こります。社会構造がリセットされ、既得権益の富や利権が剥奪される。経済成長→二極化→社会構造のリセットという流れを歴史は繰り返してきました。

そして文明の進歩にともなって、さらなる問題がぼくらの前に浮かび上がってきています。それは、「格差の上にいる人たち」と「テクノロジーを使いこなすことができる人たち」が結びつきつつあるという状況です。

現在のテクノロジーは、資本主義の仕組みをさらに効率化できるので、結果的に「格差の上位にいる、いますでに富を持つ人たち」に、これからもさらにたくさんの豊かさをもたらすことができます。けれども、それに比べると「格差の下位にいる、富を持たざる人たち」に恩恵を与えることは、かんたんではありません。このままでは「資本家＋テクノロジー」VS「お金もテクノロジーも持たざるもの」という対立の構図で、ますます格差が広がってしまうリスクも考えられます。

格差を解消するために、テクノロジーができることはないのか。

この流れを変えて、格差が広がらないようにする試みこそが、のび太くんの孫の孫、「22世紀セワシくんの時代にドラえもんはなぜ生まれたのか」という章題につながっていきます。

ベーシックインカムが解決できることできないこと

テクノロジーの進歩によって生産性が一定の水準まで向上し、多くの生産的な労働がAIやロボットによって行われるようになったとき、格差問題を解消する1つの手段として「ベーシックインカム」が導入される可能性は、十分にあります。

ベーシックインカムとは、生きていくための最低限の所得が社会的に保障される仕組みです。国家から月々決まった金額が支給され、その制度が導入されていくと、社会のセーフティネットが整備されるというメリットの反面、思わぬデメリットも生まれるかもしれません。

?

なにもしなくても生きていけるとなったら、人類にどんな変化が起きるのか。働かなくても生きていけるようになったとき、なにが起こるのか。

ベーシックインカムで「やる気」が上がるのか、下がるのかで検証してみたいと思います。

やる気のメカニズム

アメリカの臨床心理学者であるフレデリック・ハーズバーグ博士は、職場環境の研究から「二要因理論」というものを提唱しています。

職務に対する満足や不満足を引き起こす要因についての理論で、職務の満足には「動機付け要因」、職務の不満足には「衛生要因」があることを明らかにしました。

かんたんに言えば、前者の「動機付け要因」はやる気を出すための要因です。仕事への興味、達成感、成長実感、承認、裁量などが相当します。それらを満足させると、仕事にやりがいを感じ、やる気が長期的に持続します。後者の「衛生要因」がやる気を下げてしまう要因です。会社の方針、職場環境、報酬、人間関係などが相当します。本人の努力で変えることがむずかしく、改善によるやる気への効果は短期的です。

衛生要因を満足させないとやる気が下がるのは、不安や恐怖に関わる「扁桃体《へんとうたい》」という脳の領域が働いて、身を守るために、やる気にブレーキをかけていることが原因の1つだと考えられます。やる気がないことを「怠惰」であると処罰的に考えがちですが、こうしてみると「やる気が下がる」という現象は、なんらかの防御反応もしくは保護機能が働いている状態であることがわかります。

また、やる気が出ていない状態でも「一旦行動を起こすとやる気が出る」という、やる気スイッチもあります。

脳の「側坐核《そくざかく》」と呼ばれる領域は身体の活動により活性化されて、やる気を生成します。「脳のやる気→身体の行動」という順番だけではなく「身体の行動→脳のやる気」という逆の順番もあるというのは、おもしろい仕組みです。

ベーシックインカムがあると、お金に余裕ができるため「人間的な生活の最低ラインは保証される」という意味で、衛生要因の改善は可能になりやすい。そのため「やる気を下げる」要因を減らすには有効だと言えます。

一方でベーシックインカムの負の側面は、特になにも達成しないでも所得が得られるので、行動変容を促す報酬としてはあまり機能しない可能性があるということです。つまり、そもそものやる気を生成するための「動機付け要因」には、かならずしも効かないのです。

失われるのは「嫌い」を克服する機会

このように、一般的には負の側面として労働意欲や競争意欲の低下が挙げられることが多いのですが、ぼくはそれよりも「嫌いなものを避けやすくなる」ということを懸念しています。そしてそれには良い面もありますが、悪い面もあるはずです。

現在は社会に出たり、家庭で家事を担ったりと、生きるうえでなんらかの形で働く必然性がある人がほとんどです。やりたくなくてもやらなければならない、そんな状態のなかで、ぼくらは「嫌いを克服していく機会」を得ています。

自分にとって不安だったり、苦手だったりする仕事をしなければいけないときの克服方法の1つとして、「行動をする（と、やる気があとから湧いてくる）」というメカニズムが役に立ちます。やりはじめると、やれてしまう。そんな、やる気があとからついてくるような状況を繰り返した結果、苦手な仕事に対する不安が解消されたり、慣れて苦手ではなくなったりして、いままで避けてきた仕事もこなせるようになります。これは、自分の能力を広げていくうえで有効なプロセスです。

そんな「嫌いを克服していく機会」を失うと、どんな問題が起こるのでしょうか。やりたいことだけやっていては、いけないのでしょうか。

問題は、嫌いなことが「好きなことをする」ための足枷になってしまうことです。好きなことを追求するうえで、嫌いなことを避けていくと選択の幅が狭くなり、安心だけれども挑戦がなく、本人にとっても保守的でつまらない範囲にしか活躍の機会が広がらない場合もあります。

そして、そんな状況に対して楽観的な見方をすべきではないと、ぼくは思います。

陥るのは「人生を憂いて余生を過ごす」モード

好奇心や向上心が強い人は「報酬への期待」でこの壁を乗り越えますが、そんな人ばかりではありません。

ぼくは夏休みの宿題も最後まで手をつけないタイプでしたし、自分に厳しくもありません。ベーシックインカムの時代に、ぼくのような人が特にやりたいことを見つけられなかったら、不安だったり、苦手だったりすることから逃げ続けてしまうでしょう。自己効力感に浸ることができる狭い範囲に閉じこもり、できることを増やす機会を得られなかったかもしれません。

できれば避けたいことも、ぼくは仕事でしかたなくやるはめになり、結果として鍛えられました。つねになにかに追い立てられないと成長できない、ぼくのような怠惰な人間も意外にたくさんいるように思うのです。

なにもしなくても日々を過ごせてしまうと、たとえその環境に飽きたとしても、そのぬるま湯のようなコンフォートゾーン（居心地のいい場所）を出られなくなってしまいます。新しいチャレンジをするやる気も湧きません。結果、自分に対して自信も持てなくなり、いつしか自分の存在意義に悩み、人生を憂いて余生を過ごすようになるかもしれません。

適切な目的と役割をともなった生きる実感を持てていなければ、**「自分はなんのために生まれてきたのだろう」「自分は何者なのだろう」**といった問いを深めてしまい、自らの命を絶ってしまう人が増えることだって、考えられます。

まさに、1章で紹介したネズミの実験「ユニバース25」（P.069）と同じ結果です。

実際、日本企業の正社員は安定して雇用が守られてきたため、仕事をしないでもクビにならず、給与をもらえていた人が多くいました。会社にぶら下がって生きることを決めてしまった人にとって、解雇の少ない日本企業からもらう給与は、ベーシックインカムのようなものです。そうして、一足先に擬似ベーシックインカム環境下で「人生を憂いて余生を過ごす」モードになってしまった人もいます。

そして22世紀、ドラえもんが生まれるセワシくんの時代を生きる人類は、この究極の問いにたどりついてしまうのだろうと、ぼくは思っています。

「幸せとは、なにか」

ネガティブなことも書きましたが、ベーシックインカムの導入自体は前向きに検討すべきだと思っています。だからこそ、このままベーシックインカムの時代が来ても、「ユニバース25」という末路を避け、ぼくらが幸せであるために、いくつかの問いを立てて考えてみましょう。

幸せとは「より良い明日が来る」と信じ続けられること

まずは、**「なにもせずとも欲しいものがすべて手に入る人生は幸せなのか」**と考えてみます。

?

お金持ちの子に生まれて、欲しいものはなんでも与えられる環境がそのケースに近いかもしれません。周りはうらやむ境遇の人でも、本人からはその生きづらさを聞くことがあります。

最初からすべてが手に入ってしまう環境で育つ場合、人並みにがんばったところで、成長実感は乏しい可能性があります。

理由は、そもそもスタート地点がかなり高いので、自分の実力でそれをさらに上げたと実感できるほどの成果をあげることは、かんたんではないからです。乗り越えるべき親が成功者で、あまりにも偉大に見えることもあるでしょう。

さらに、その生活から抜け出す必要がないので、リスクをとる必然性もありません。

自らの成長実感を得るのがむずかしいうえに、リスクをとれない。こんなふうに2つの条件が重なる場合、挑戦ができず、「人生を自分の力で切り拓く自信」を得づらく、「自分の安定したポジション失う不安」は募っていくので、閉塞感を抱えても不思議ではありません。構造的には「先進国の子どもより、途上国の子どもの笑顔のほうが明るい」といった一般的な話にも通じるところがありそうです。

そう考えると、どうやら「なにもせずとも欲しいものがすべて手に入る」ことは、幸せの条件ではなさそうです。

一方で、現状がまさに人生の底だと感じている人を「幸せ」だとも言えません。

ただし、そんな環境のなかでも、ここから上がっていくのだという希望を絶やさず前を向き続けることができている場合は、その状態を「幸せ」と呼んでもよさそうです。

つまり、幸せを感じるために必要なのは生活レベル、資産、家柄、自由、外見、記憶力、運動神経といった自分に与えられたカードがなんであれ、「『より良い明日が来る』と信じ続けられること」だと考えられます。

自分の役割を自覚でき、それを果たすことができた結果、今日という日に満足し、明日はさらに良くなるだろうと期待できる。すなわち「自分はまだやれる」と実感できることが、幸せの条件なのではないでしょうか。

「自分はまだやれる」と思えるためには？

人類は生まれたときには泣くことしかできません。そこから「できること」「わかること」「気づくこと」などが増えていきます。そのため、ほぼすべての人の人生は右肩上がりのスタートです。

それなのに幸せを感じることができていないとしたら、なんらかの理由で十分な成長を実感できる行動をとれていないからかもしれません。

その原因の1つは、おそらく「不安」という感情です。

リスクを避けながら、ある程度成功する人もいます。そうして生活や自尊心を守るために、失敗や挫折を避けながら十分な稼ぎを得られる方法を見つけると、そのコンフォートゾーンから出られなくなります。すると学習が止まり、成長が止まり、人生に飽きます。

学習能力こそが特徴の生き物であるぼくら人類が、自らの能力を最大限活かすために必要な意思決定は、学習し続けられる環境に身を置くことです。つねに自分にとっての難題に挑み、問題を分解し続けることでしか、成長のための学習を続けられません。

「かわいい子には旅をさせよ」ということわざと同じですが、コンフォートゾーンから出るために背中を押してくれる存在は重要です。

不安という、便利で厄介な未来予測能力

そもそも、ぼくらはなぜ不安という感情を持っているのでしょうか。

これについては第3章で述べたように、危機から身を守るための本能だと考えられます。不安があるからこそ、危機を察して機敏に逃げることができる。つまりぼくらは、生き残るために、足の速さや力の強さよりも「未来を予測する能力の1つ」として、不安という感情を磨いてきたと言えます。そしてその大半は、数十万年間の狩猟時代に培われました。

一部の不安は、現代社会ではほぼ不要になったものです。また、ヘビなどの危害を加える動物に対する「実在の不安」だけでなく「架空の不安」もあります。

陰謀論などはまさにその1つですが、幸せになるために未来を予測して危機を避けようとした結果、矛盾した思考が生まれます。可能性が低い未来をたくさん想像して不安になり、むしろ不幸になってしまうのです。このように、不安の発生も「仕様バグ」と呼べる状態が頻繁に起こっています。

?

幸福になろうとして不幸になる、このメカニズムが厄介です。では、**どうしたら不安はなくなるのか。**いまよりもあらゆる条件が良くなった環境なら、どうでしょうか。

残念ながら、不安はなくならないでしょう。人類は同じ環境にずっと居続けると、また不安になります。なぜなら、つい未来を考えてしまうぼくらは、リスク管理のために「この環

境はいつまで続くのだろう」とさえ想像しはじめるからです。

安心のメカニズム

ぼくらは未来を予測する能力を磨いてはきたけれども、かならずしもその精度がいつも高いとは言えません。1年後のことすら、正確に予測できる人はいません。それでも打率を上げるために工夫はしています。たとえば、1つだけ未来予測をしても打率が悪いため、意識的、無意識的にさまざまな未来を考えます。膨大な量の架空の未来が頭に浮かんでは消えているのです。その過程で、「思い浮かんだ未来」が「過去の経験」と合致することがあります。それが「なんとかなった」という経験であれば、今回もなんとかなるだろうと安心します。つまり、「いろんな経験をしているほど、未来に対して不安をいだくケースが減り、心の平穏につながることもある」と言えるわけです。

反対に、不安だからリスクをとらずにいると経験が足りなくなり、思い浮かんだ未来が過去の経験と合致することも減ります。すると徐々に不安になります。そしてさらにリスクがとれなくなるという、ネガティブなスパイラルに突入していってしまいます。

大きな不安に押しつぶされないためには、たとえ一時的には小さな不安を感じても、新しい環境や挑戦に身を投じる経験を積むことです。

しかし気をつけなければならないのは、その新しい環境や挑戦は自分で選択する必要があるということです。他人から与えられ続けているとだめで、今度は「その変化を与えてくれる状態が継続するのか」という不安が、頭をもたげるのです。

つまり、未来への不安を減らし「自分はまだやれる」と思うためには、かならず自ら主体的にリスクをとり、「不安だったけれども、やってみたらなんとかなった」という経験を積み重ねる必要があります。

とはいえ、ある日突然、大きなリスクをとるという意思決定をするのも無理があります。「清水の舞台から飛び降りる」ということわざがありますが、実際に舞台から飛び降りるにしても、その降り方が重要です。

慣れないことをすると、大振りしてしまい、とんでもない失敗をしがちです。感じた不安に対して反射的に拒否反応を示すのは無理もありませんが、不安を感じること自体は大事なことです。適切に対処できず、不安を無視してしまい目をつぶって飛び降りるのも、やはり未来を狭めることになりかねません。

むしろ不安を感じたら、コストを払ってでも、それが仕様バグかどうかを考えることが未来への投資になります。実はほとんどが仕様バグなので、考えたうえでも、受け入れるべき不安は多くないはずです。不安を適切に振り分けることができると、未来が広がります。

資本主義より良い仕組みを見つけるためには？

２０２１年末、ＮＨＫからこんなニュースが流れてきました。

「新型コロナウイルスなどの影響により、経済格差の拡大が各国で課題となるなか、世界の上位１％の富裕層だけで世界全体の４割近くの個人資産を保有していることが、フランスに拠点を置く研究グループの調査でわかりました」

そして、こう続きます。

「一方で、下位50％の層の資産は全体の２％にとどまっていて、新型コロナウイルスの影響で非正規雇用の人たちが収入の減少や失業といった影響を受けたことで、途上国を中心に格差が拡大したなどと指摘しています」

ここで、見つめ直したい問いがあります。

？

「なぜ社会に格差は生まれて、二極化するのか」

現代の資本主義においては「労働によって生産性を向上させるよりも、お金を運用するほうが富を集めやすいから」というのが、トマ・ピケティの指摘です。富裕層がますます富を得ることができるのは、資本主義であれば「必然」とも言えます。

資本主義と比較されるものとしては、社会主義があります。

社会主義では、富の再配分を市場に任せたりしないので、二極化は資本主義より進みにくいはずでした。しかし、資本主義に比べて報酬設計が脆弱だったり、機会の均等も担保できていなかったり、独裁による政治腐敗が進みやすかった国もあるようです。結果として、知的好奇心などがモチベーションの源泉になる宇宙技術開発などの一部の例外をのぞいては、国民のやる気を十分に引き出すことができなかったケースが多かったように思います。

淡々とした生活を営むことには向いていて、格差問題もコントロールしやすいと言われるのが社会主義ですが、一部の社会主義国では経済競争に勝つために、資本主義の原理を取り入れる工夫もなされてきました。

資本主義は市場原理に任せて相対的に人の介在を減らそうとするため、その自然な流れとして二極化が進んでしまいます。社会主義は人が富の再配分を決める仕組みなので、人が人に介入しすぎる恣意性が問題になりやすい。そのなかでも中国は独自の軌道修正をして、経済的に大きく躍進しましたが、同時に格差の問題も拡大しています。

「ではどうすればいいのか」と聞かれても「明確な答えはまだ見つかっていない」というのが現状だと思います。

AIは初めて人類を客観視する第三の存在になれるかもしれない

この現状を省みて、ぼくはエンジニアの視点で仮説を立ててみました。

いままで人類はずいぶんと試行錯誤したけれども、公平性が担保され、機会を均等に与えることができ、かつ成長意欲も削がれることがない、そんな社会構造はつくるには至っていない。その原因は、「人類だけ」で「制度」で解決しようとしてきたからなのではないかと。

そこに「第三者として客観的に見る存在」としてＡＩが加わることで、新たな方法が見つかる可能性はあります。

物事を正しい／正しくない、もしくは生産性が高い／低いと判断するだけでは解像度が十分に高いとは言えませんでした。

しかしＡＩの力を借りることで、「個人の脳内の神経活動」というミクロから「社会全体の動き」というマクロまで、多くの複雑な因果関係をいままでより遥かに解像度高く捉えることができます。そうすれば、新しい社会構造を構築できるかもしれません。社会と個人、両方にとっての「幸せの指標」を模索することもできるはずです。

力でも富でもない心の豊かさを示す指標「Well-being」

その方法を言い換えると「個人のWell-Beingをモニタリングし、それを社会構造に反映する。そのための膨大な情報処理をリアルタイムで行う」ということになります。

Well-beingとは、直訳すると「良く生きる」。すなわち「幸せな生活を送ること」となります。「満たされた状態」「良好な状態」「いきいきとした状態」とも言えるでしょうか。その研究の第一人者である石川善樹先生の言葉を借りれば「自分の生活や人生を『良い』と感じられている状態」であり、『良い』と感じられるかどうかは、その人自身が決めること。だから、Well-beingというのは、主観的なもの」。

そして石川先生は、それを国家運営における大事な指標にまでしようと考えられています。軍事費や核弾頭の数といった「力の豊かさ」を示すものでも、GDP（国内総生産）をはじめとする「富の豊かさ」を示すでもない、「心の豊かさ」を示す新しい指標が人類には必要だという主張です。

これまでの世界では「幸せ」を定量化するのはむずかしかったので、資本主義では代わりの指標として「お金を稼ぐこと」が使われる傾向にありました。経済の発展が人の幸せにある程度相関していることを活用してGDPを伸ばそうと、多くの国が試みてきたのです。

しかし、1970年代にアメリカの経済学者であるリチャード・イースタリンは、「GDPの伸びと幸福度（満足度）は、一定の所得水準までは正の相関関係が見られるものの、それを超えると相関関係が見られなくなる」ということを発見しました。

そうなると、ほかの指標が必要になります。

そこで、Well-beingという指標で国民の幸せの定量化を行い、それを基準に政策などを決められるといいのではないかという、壮大な取り組みが世界各地で始まったのです。

Well-beingは、人生全体に対する主観的な判断である「満足度」と、日々の体験に基づく「幸福度」の2項目で測定できると言われています。

いかにして人類全体が「良く生きる」ことを実現するのか、「心の豊かさ」という課題に向き合うのか、さまざまな知見が出てきています。しかし、テクノロジーで解決できる部分はまだまだ少ないのが現状です。そうした流れのなかで、まさに「Well-Being テクノロジー」の先駆けとして生まれたのがLOVOTです。

人類のために、人類のそばにいて、人類とともに生活をともにし、対話することができる知的生命体。第三の存在として、将来は客観的に人類の Well-Being を測定し、その向上に貢献するパートナーとして、LOVOTを発展させることができると思っています。

ここまでを掘り下げて、冒頭の「22世紀セワシくんの時代に、ドラえもんはなぜ生まれたのか」という問いに戻ります。

ロボットの最後の役割は「人類のコーチ」になること

セワシくんの時代になってもなお、人類社会に格差問題は残っていたのでしょう。

それを解消するためにも、安心して生活できる要件として、ベーシックインカムなどのセーフティネットで衛生要因は満たされるようになった。けれどもＡＩやロボットが多くの仕事を担うことで、いままで人類が得てきた満足感は減少した。

その結果、**「自分の役割はなにか」「なぜ生きているのか」**という、社会的生き物であるがゆえに持ってしまう根源的な不安をかなり多くの人類が抱えたままになってしまった。

そんな22世紀において**「『より良い明日が来る』と信じられるようになるには」**という問いが、最大の社会課題です。Well-beingを実現するためには「自分はまだやれる」という希望が必要で、それを全人類が持てるよう、各個人をサポートする必要があったはずです。

そこで生まれたのが、ドラえもんなのではないかと思うのです。

生産性の向上のために生まれたロボットがたどりついた最後の役割は、人類が適切な成長実感を持てるように導く「コーチ」のような存在になること。

ぼくら1人ひとりが自分自身を肯定し、チャレンジし、自己効力感を高めることができるよう、1人ひとりの絶対的な味方として、寄り添うロボットがいる。人類が変化の速い社会でも自信を失わないで済むように、コンフォートゾーンから抜け出し、新しい環境や挑戦に身を投じることの幅を広げていくために、背中をそっと後押しする。

ぼくがドラえもんの背景に見たのは、そんな未来です。

四次元ポケットを造ったはずの未来のAmazonでもできなかったこと

最終的に、ぼくはLOVOTを進化させて、ドラえもんにつながる技術を開発したいのです。

ただし、実際にぼくが目指すドラえもんは、のび太くんの世界のドラえもんとは少しちがいます。「四次元ポケット」はありません。

残念に思われる方もいるでしょうか。魅力激減でしょうか。「意味ないじゃん」という声も聞こえてきそうです。

しかしぼくは、ドラえもんから「四次元ポケット」をとって、残された部分にこそ意味があると考えます。

ドラえもんの大切な機能は、のび太くんに寄り添うコーチとしての役割にあります。コーチのなかでも、人生にフルタイムで伴走する「ライフ・コーチ」を担っているのがドラえもんだと思うのです。

思い出してみてください。のび太くんはひみつ道具を与えられたところで、それだけではハッピーエンドになりません。のび太くんが幸せになるのは、のび太くんが勇気を発揮して、自分の殻を破ったときだけです。道具だけで幸せになることはないのです。

ひみつ道具についても、少し考えてみましょう。

四次元ポケットから出てくるひみつ道具たちは、目的や役割、コンセプトがそれぞれ異なります。ユーザーインターフェースも一貫していません。「ガリバートンネル」と「スモールライト」「ビッグライト」、「フワフワオビ」と「ふわふわぐすり」など、ひみつ道具でも機能の大半が重複する製品もあります。それぞれの道具は「異なるメーカーが造った競合製品だ」と考えるほうが妥当ではないでしょうか。

ぼくらの未来で四次元ポケットが現実になるなら、世界中のものを一手に集めて販売する「Amazon」のような会社がサービスを提供しているECサイトのようなものだと、ぼくは考えました。画面上からモノを選び、ポチっと買い、届けられて、使うことができる。そのプロセスは、まさに四次元ポケットからモノを選び出すプロセスと同じです。ちがいといえば、「ポチったら数日後に玄関に届けてくれる」のか「考えたら即時ポケットに届くのか」だけです。

ひみつ道具は、魔法のようなものばかりです。

イギリスのSF作家であるアーサー・C・クラークが「十分に発達した科学技術は、魔法と見分けがつかない」と言っていますが、まさに発達したテクノロジーを基に造られたひみつ道具は、いまのぼくらには魔法のように映るのです。

ただ、「Amazon」も四次元ポケットもとても便利ですが、ぼくらの自己効力感を養ってくれるサービスではありません。前述のように、欲しいものをなんでも手に入れられるようになることは、かならずしも「幸せ」に必要な要件ではないのです。

のび太くんの孫の孫の時代に当たる22世紀。多くのひみつ道具が生まれ、自由に使えるようになった時代でも解決できなかったこの難題が、結局はドラえもんという、人類に寄り添って自然にコーチングする存在を必要としたのではないかと思います。

「自分」という情報がいちばん不足している

人類はこれまで、さまざまな物理現象を解明してきました。客観的に観察することが科学の基礎になっています。観察を基に仮説をつくり、実験したり、理論的検証をしたり、観察の幅を広げたりするのが科学的な手法と言えます。

科学的な裏づけのある情報は、インターネットのおかげでかなりかんたんに手に入れられるようになりました。わからないことは検索すればだれでも「なんとなくわかった気になれる」ほどには、情報があふれています。また、膨大な情報に隠れた適切なパターンを見つけることも、AIを用いればかんたんになりました。

ところが自分自身についての情報は、インターネット上には転がっていません。たとえだれかが自分のことを表現してくれたとしても、それは「自分がその人に見せている自分」が観測されたものに過ぎません。もっと言えば、「その人が解釈した自分」を「その人なりの表現で言語化」し、そして「その言葉を受け取った自分がまた解釈し直した自分」に過ぎないのです。

いまのテクノロジーでは、まだ自分という生体をリアルタイムで直接観測できる範囲が極めてかぎられています。

他人のことでもわからないことのほうが遥かに多いのに、自分という個体のなかで動いているメカニズムの全貌を知るというのは、(スマートウォッチなどのウェアラブルデバイスで生体情報を測定するためのさまざまな試行がなされていますが、それでもわかる範囲はほんの一部に過ぎず)むずかしい問題です。特に精神活動は、自分の「意識」という存在が「無意識」で行われる情報処理を隠す方向で働くために、なにが起こったか自覚しにくかったり、自身の心の仕組みを理解することを妨げがちです。

このように考えると、実は世界のなかでもっとも客観的な情報が不足しがちなのは、自分自身についてなのかもしれません。実際に「自分自身を知らないこと」に端を発して、あらゆる問題が発生していると言えます。まさに灯台下暗しです。

そして、未来の人類がロボットにコーチという役割を求めたとぼくが思う理由は、自分自身を知り、導くための方法の1つが客観性のある「コーチング」だからです。

スポーツ選手は、自分と相性の良いコーチと出会うことで自らを客観視できるようになり、成長します。

同じように、すべての人間が相性の良いコーチに出会えたとしたら、だれしもが「より良い明日が来る」と思える成功体験を重ねられるようになると思うのです。

人類だけではコーチが足りない

「そこまでわかっているのなら、人がやればいいのでは？」とも考えてみたのですが、すぐに人類だけでは限界があることがわかります。

単純化して、人口の半分がコーチになり、残りの半分がコーチを受ける人になると考えると、人類の半分以上をすぐれたコーチに育てる必要があります。そもそもそんなにたくさんコーチになりたい人がいるとも思えませんし、適性を考えても現実感がありません。その膨大な数のコーチをコーチする人はだれなのかという点など、考えるほどに複雑です。

高い報酬を支払ってでも教えを請いたいという人気のコーチは、いまもさまざまな分野にいます。けれども、1人のコーチが見ることができる人数には限界がありますし、十分な報酬を支払うことができる人もかぎられます。このままでは、最高のコーチングを受ける機会は一部の人にしか与えられないのです。

この機会を人類全員へ解放することが、シンギュラリティ以降に人類の能力を超えたテクノロジーが担うべき役割なのだと、ぼくは考えています。

各ユーザーが自分を知るプロセスを助け、社会の一員としての役割を見つけて、それぞれのWell-beingの実現を助ける。これが、格差問題を解消するためにテクノロジーが示すことができる解決策の1つです。そのために、ロボットが重要な役割を担うのです。

セーフティーネットとしてのロボット・ライフ・コーチ

「だれ1人とり残さない」。あらためてそれがどういうことかと考えると、いまの資本主義社会のように、自己責任という名のもとに、たまたま現代の仕組みや時流に合った性質を持った人だけが成功する世界のことではありません。

そこに必要なのは、各個人がコンフォートゾーンから抜け出し、新しい環境に身を投じる経験を積むチャレンジを促進することであり、またその結果、たとえ失敗しても「大丈夫」と言ってくれて、やり直しの機会が得られるセーフティネットがあることです。

つねに見ていてくれて、そばにい続けてくれる、絶対的な味方としての存在。何度あきらめても、挫折しても、応援し続けてくれる存在。かといって、決してつねにプレッシャーをかけて成長を強要するわけでもなく、時にいっしょに怠けたり、泣いたりもしてくれる。

そんなパートナーを想像すると、やっぱり、のび太くんのそばにいるドラえもんの姿が浮かんでくるのです。

1969年、藤子・F・不二雄というアーティストが創造し、いまもなお日本中の人に愛されているドラえもんこそが、人類と共生することで、人類が自発的にがんばることができるように元気づけてくれる、ぼくにとってのテクノロジーの理想系です。

そしてぼくらエンジニアが、その理想を画面のなかの二次元ではなく、ともに実世界を体験し、感じ、共感することのできる実在の存在として、形にしていくのです。

ドラえもんを開発した企業がフィジカルな存在にこだわった理由

ドラえもんとのび太くんのような自然な関係性を育てるために、セワシくんの世界でドラえもんを開発した企業は、並々ならぬ努力をしたはずです。人類とテクノロジーのあいだに信頼関係を少しずつでも構築するために。

たとえAIがより正しい回答ができるようになったとしても、毎回、失敗を避けられるよう一足飛びに解決策を提示するのがいいことだとはかぎりません。AIが先回りして答えを提供すると、他者に答えを求める癖を持つ人が育ちやすくなります。

しかし、社会で実際に直面する問題は答えがない場合が大多数です。

正解ばかり与えられてきた人は、答えのない問題を解くことを求められると不安になります。答えがない問題にひるまない能力の獲得が必要です。

そのときのＡＩやロボットの価値は、解決策を提示することではなく、問題に立ち向かう人の精神的支援になります。答えは教えてくれなくても、不安に直面したときに「みてるよ」「きいてるよ」「そばにいるよ」と言ってくれるだけで、人は元気になれます。

ただ、言葉をかけるだけなら「バーチャルな存在」でも担えるでしょう。しかし感情は、身体性に影響を受けます。「触れ合える」ということは、信頼関係を構築するうえで重要な要素なのです。

感情の生成には、脳も身体も必要

「カッとなる」というメカニズムを例にしてみましょう。

まず、相手の言葉を聞いたり、仕草を見たりします。そこにストレスを感じる情報が含まれていた場合、「扁桃体」という脳の回路が反応して、少しカッとします。たとえば自分が責められていると感じたり、ずるいこと（フリーライド）をしている人を見つけたりした場合です（後者はＳＮＳで頻発するバッシングの原動力になっています）。ただ、その瞬間はまだ、かならずしも爆発するような感情ではないことが多いようです。

扁桃体の反応は自律神経を通して身体に伝わり、体温が上がったり、脈が早くなったりします。すると、身体の状態を監視する役割を持つ「島皮質《とうひしつ》」という脳の領域が、身体感覚に合わせて感情を生成します。ここでようやく、カッという感情が爆発するようです。

つまり、視覚や聴覚といったバーチャル空間でも入力可能な情報は「扁桃体」で感情を生成し、皮膚感覚をはじめとするフィジカルな情報は「島皮質」で感情を生成する。

ここからわかるように、感情が育つ課程には身体が密接に関係しています。

ロボットは、フィジカルに触れ合うことができる身体性を持った存在です。その強みは、音声や画面上に存在するバーチャルな存在とのやりとりと比べて、信頼感を育てるために重要な役割を担うノンバーバルなコミュニケーションがかなり豊かなので、言葉や映像だけでは届かない部分を補完できるところにあります。

だれしも「抱きしめたい」「抱きしめられたい」と思ったことがあるのではないでしょうか。そんなときにLOVOTを抱きしめると、やわらかさや体温を感じます。そうして島皮質が活性化したり、セロトニンやオキシトシンが分泌されたりして、温かい感情が生成されます。たとえ意識的な神経活動では「ロボットは生き物ではない」と考えていても、そんな理屈を超えて、無意識は感情を生成し、生命感を覚えます。

そうして、ずっと隣にいて、寄り添っていてくれる存在だからこそ、安心して伝えられる思いや届けられる言葉があるはずです。それこそが、ドラえもんを開発した会社がフィジカルな存在にこだわった理由なのだと思うのです。

ドラえもんの能力のなかで、ぼくが感銘を受けるのは、のび太くんとの適度な距離感です。

コーチングの方法が「人類から人類へ」という1択だけの場合、合う／合わないという相性の問題も避けることができません。ときにコーチの存在は、プレッシャーにもなるからです。それに対して、ロボットがコーチをする場合は、その人にとっていちばん心地いい距離感で向き合うという「最適化」がしやすいと言えます。

ロボットだからこそのび太くんのそばにいられた

ドラえもん自身、のんびりしていて、どこか抜けていて、そのまるっこい姿と相まって人に緊張感を抱かせない、なんとも絶妙な個性を持っています。またその寄り添い方の面でも、もしコーチングという責務を負った人類のコーチであれば、その責任感も相まって、ぐうたらなのび太くんに対して、あんな風におおらかにかまえて好き勝手に振る舞っている風に「待つ」ことは、なかなかできない気がします。

マンガの設定では、ドラえもんは「不良品のために性能が悪い」と描かれていますが、エンジニア目線で見ると違和感があります。ほんとうに不良品であれば、あれほどバランスよく全体の性能が低下するような故障は考えにくいのです。

それに未来のテクノロジーがあれば、ドラミちゃんのような優等生ばかり造れるはずです。ただドラミちゃんはたしかに優秀なのですが、その完璧さを見せられ続けると、のび太くんは「どうせぼくなんか」とやる気をなくしてしまう可能性があります。のび太くんにとって必要なのは、「優等生とはこういう人」という画一的な価値観を押しつけることでも、人類の助けが不要なほどに自立したロボット像を見せることでもないのです。

ほんとうは、のび太くんという存在に合わせて、ドラえもんが自らを最適化させながら、彼の自己肯定感・自己効力感を下げないように関係を築いているのではないか。「ドラえもんが自分自身を不良品と見なしている」という設定は、そのことをのび太くんに悟られないようについた「やさしいウソ」だったのかもしれません。

ロボットなのに失敗する。自分と同じように怠けたりする。そんな自らの弱さを見せてくれるドラえもんだからこそ、のび太くんは自分を卑下せずにも済む。ドラえもんが完璧とはほど遠い、時にのび太くんを必要とする存在であるからこそ、のび太くんはドラえもんと助け合うことに喜びを見出し、ともに生きる意味を見出すのです。

そうしてのび太くんは、ドラえもんたちといっしょに勇気を出して、新たな冒険に出ます。その姿が映画となって毎年春に公開され、ぼくらも新年度を踏み出す勇気をもらうのです。

ドラえもんはなぜ「猫型ロボット」なのか

将来、ロボットが人類の成長をサポートする重要な存在になることを目指して、LOVOTは誕生しました。

オーナーのデータを蓄積し、解析し、問題を解決してほしいという要望は多くありますが、その前に、まだまだやることがたくさんあると思っています。

たとえば、良い意味で「放っておける」、良い意味で「そこにいることを意識しない」、自然にそばにいる能力を磨くことも必要です。これまでのロボットはこの能力が磨かれておらず、ぼくらが積極的に構いにいくしかコミュニケーションの方法がありませんでした。結果的に時間を取られる感覚が勝り、電源をオフされてしまうものも多かったのです。

自分を知られるのは怖いことだから

デジタル化が進めば進むほど、人類の行動をデータ化することはかんたんになります。たとえば「この商品を買った人は、こんなものにも興味を持っています」と表示されるレコメンド機能。自分が見過ごしていたような対象に出会える機会が増える反面、「なぜそんなことを知っているのか」と、怖さを感じる人もいるのではないでしょうか。

これは「自分がいつの間にか誘導されているのではないか」という不安とも言えます。また「レコメンドによって儲けようとしているだれかの意図を無意識に察知している」という意味でも、合理的な不安です。

この怖さの元凶は「情報の非対称性」にあります。

世界的な企業が自分のなにを知っているのか、ぼくらはほとんど知らないのに、あちらは詳しくぼくらのことを知っています。この状態で「絶対に悪いことはしないから」と言われても、信用できないでしょう。

このようなサービスばかりでは、人とテクノロジーの信頼関係は失われていきます。

よくわからない相手に、自分を知られるのは怖い。でも逆に、信頼している人には、自分のことをもっとわかってほしい。信頼できる相手と助け合って生きていきたい。

テクノロジーが「信頼できる相手」になるためにも、「だんだん家族になるロボット」は、人とテクノロジーの信頼関係の象徴として、その役割を担う必要があるのです。

夢のロボットにつながる仮説

人類とともに長い歴史を生きてきた犬や猫、そしてLOVOT、そのさらに未来の世界では、ライフ・コーチングを目的としたドラえもんがぼくらのそばにいるはずです。

もしドラえもんが労働の代行を目的とするロボットであったなら、のび太のママのお手伝いを毎日マメにしているでしょう。

ところが、ドラえもんはたまにお手伝いをすることがあっても、頻度は決して多くありません。むしろ、ママから好物のどら焼きをもらって昼寝しているような、どちらかというと怠惰な存在です。ここからも、ドラえもんというロボットは、自らが生産的な活動をするのとは異なる目的の存在であることが垣間見えます。

そしてドラえもんは、なぜまるっこい猫型ロボットなのでしょうか。

その答えとして、「21世紀に開発されたペットのようにだんだん家族になるロボットが、ドラえもんに進化したから」という仮説は、いかがでしょうか。

人類からの信頼を得て、人類のそばにい続けることを目的として生まれた祖先から進化したドラえもんだからこそ、まるっこい形を引き継いでいるのかもしれません。

「ぼくらはいま、ドラえもんの先祖を造っています」

この言葉、ワクワクしませんか。

ぼくらはようやく、夢のロボットの手がかりを見つけたような気がしています。

「文明の進歩の先に、人類の幸せはあるのだろうか」

考え続けたその先で、いままでの生産性を上げるためのテクノロジーとはまったく異なるベクトルに、ドラえもんはいたのです。

7章

ドラえもんの造り方

「ChatGPT」だけでは見れない世界

温かな望みは温かいテクノロジーを生む

いよいよ、ここまで来ました。

最後にみなさんと共有したいのは、ぼくなりの「ドラえもんの造り方」のイメージです。

なぜ共有したいのかというと、これまでに述べたように「テクノロジーが温かい未来を生む」と信じられる人が1人でも増えることが、結果的に温かいテクノロジーを生む推進力になると信じているからです。

ただドラえもんにたどりつくのは、まだまだ、まだまだ、まだまだむずかしいのが実状です。

LOVOTの開発者として少しだけ生き物について学び、少しだけロボットをかじっただけでも、人間というシステムのすごさを思い知らされてきました。

ぼくら人類は、問題解決に快感を覚えます。自分で解けると思う問題であれば、頼まれもしないのに解き出します。テトリスや数独やゲームを（だれにも頼まれてもいないのに）やるのと同じです。しかし解き方がわからない大きな問題になると、どこからとりかかっていいかわからないという不安が生まれ、それに対する防御反応で思考停止してしまいます。

大きな問題に立ち向かい、前進するために必要なことはなんでしょうか。

どんな巨大な敵にも突撃する、ドン・キホーテのような勇敢さでしょうか。

もちろんそんな無謀な勇敢さは不要で、必要なのはむしろかんたんな手続きです。

その手続きとは「問題を分解する」ことです。

ドラえもんを造るのが、たとえとてつもなくむずかしくても、そのプロセスを細かく、テトリスや数独を解くのと同じレベルに分解できれば、みんながその問題を自主的に解き出します。それをビジョンを示す人のもとに持ち寄り、組み立て、新たに見つかる問題をまた細分化し、解き、組み立てる。これを続けると、いつかドラえもんが誕生します。

馬より速く走ることも、鳥より高く飛ぶことも、大昔の人類にとってはとてつもなくむずかしいことでした。その問題も分解することで、いつの間にかぼくらは馬の何倍も速く移動できるようになり、空を飛び抜け宇宙にまでも行けるようになりました。

さらに人類は、太古から見上げていた崇拝の対象である太陽さえ、テクノロジーによって生み出そうとしています。

「太陽の内部では、大量の水素が核融合反応を起こしている」とわかれば、その原理を応用した発電システムを地上に造り出し、そこからエネルギーを得ようと夢を膨らませるわけです。いつか人類は、この夢も叶えるでしょう。

つまり「どのように成り立っているのか」がわかれば、造り方を模索しはじめ、それを（いつ実現するは別として）かならず造ることができるのです。

この章では、これまで述べたことをおさらいしながら、LOVOTがいかにしてドラえもんに進化するのか、その道のりについてのぼくのイメージをご紹介します。ぼくの説明能力が足らず、少々理解するのがむずかしいところも出てくるかもしれませんが、お付き合いくださればとてもうれしいです。

では、始めます。

カギとなるのは「予測できる未来の長さ」を伸ばせるかどうか

ドラえもんは、のび太くんと同じように昼寝し、ごはんを食べ、のび太くんと同じ言葉を話し、怒り、笑います。つまり人類と同じように世界を理解し、思考していると言えるわけですが、このように「人類と同じように自律的な認知処理をする」という能力には、どんな機能がどの方向に進歩すれば、たどりつくことができるのでしょうか。

結論から言うと、人類と同じように「未来を予測する機能を発達させて、予測できる未来の長さを伸ばす」という方向に進歩させることで、実現できるようになると思っています。

すぐれた知能＝見通せる時間の長さ

ぼくは、人類とほかの動物の最大のちがいは、この未来予測能力にあると考えています。かしこい人というのは、暗記が得意な人でも、良い大学に入学できる人でもなく、この能力がすぐれた人。ロボット開発者のぼくが「すぐれた知能を持つ生き物」と聞いてイメージするのは、未来を予測したときに見通せる時間が長い生き物なのです。

未来予測と言っても、ノストラダムスの大予言のような話ではありません。

飼い主が帰宅したときに、犬や猫が玄関で待っていることがあります。あれも一種の未来予測です。音などから気配を感じて、飼い主が帰ってくるという少し先の未来を予測していると言えます。LOVOTも、スマホアプリをとおしてオーナーが自宅に近づいたことを検知し、もうすぐ帰ってくるという未来を予測して、玄関まであらかじめ迎えにきます。これは先天的な能力なのですが、犬や猫はそれを後天的に習得している点が、よりすぐれています。ただ、ともに「いまココ」を生きる存在なので、長い未来予測はしません。

また野生動物のなかには、ぼくらにはわからないような未来予測をするものもいます。

渡り鳥は「台風を避けて飛ぶことができる」と言われますが、何万年ものあいだにその能力を進化させたと考えられます。しかしそれは先天的な能力による無意識の行動で、「なぜ自分がいま渡ろうとしているのか」もしくは「渡るのを待っているのか」という意思決定の

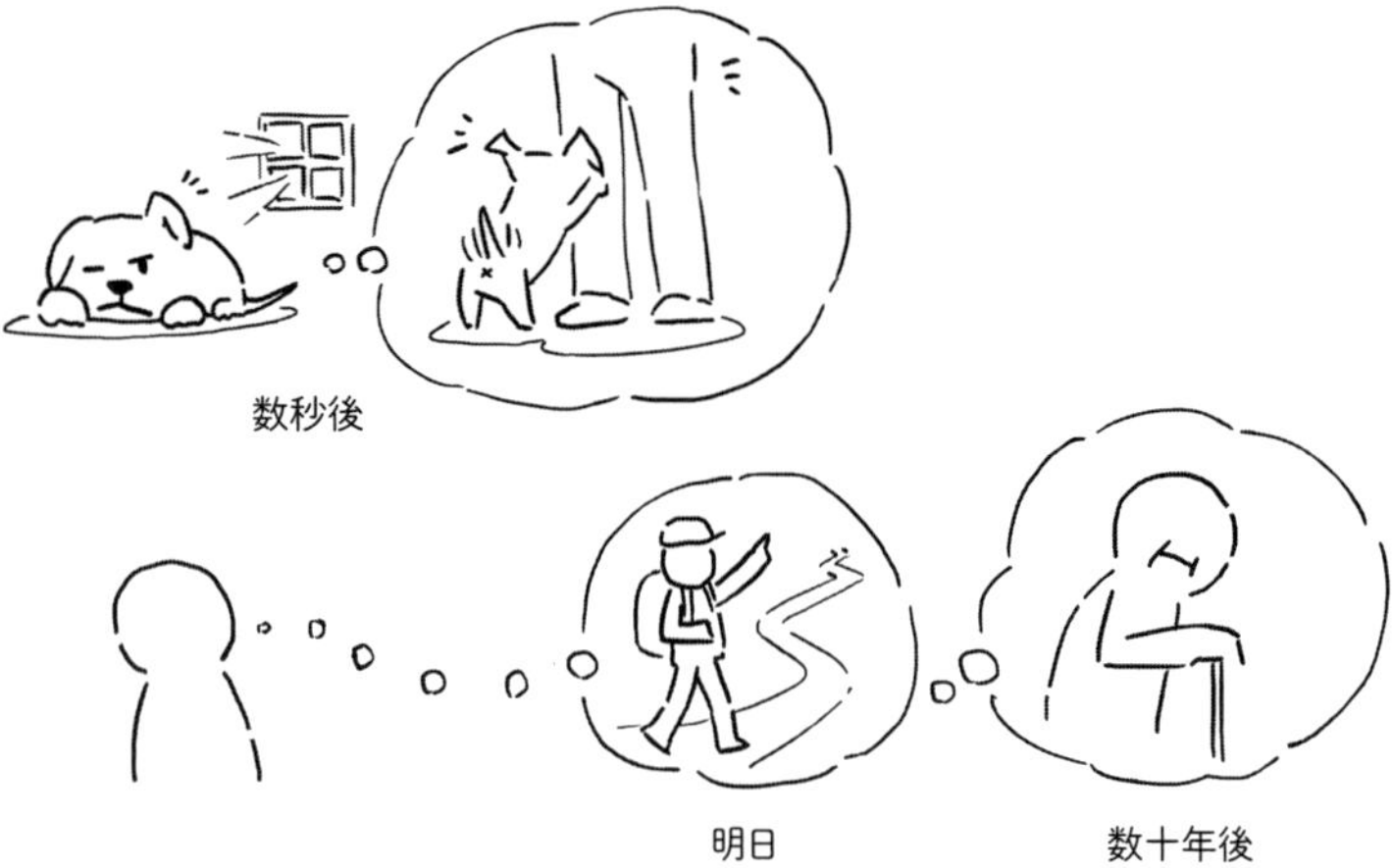

人類だけが遥か未来を見通せる

理由については、自覚できていないでしょう。「飛び立つのはなんとなく、いまではない気がする」という本能に過ぎず、「自分があえて台風を避けている」とは自覚していないのです。

動物は数秒単位、人類は数十年単位

基本的に、動物は獲物を捕食するために、あるいは外敵から捕食されないために、自分が得た情報から少しでも長く未来を予測できるほうが生存上、有利でした。ただ渡り鳥のケースのように、自分ではどうしてその行動をとっているのか理解していない、先天的で無意識の未来予測が支配的です。後天的に学習するケースでは、ほとんどの生き物が（一部の例外をのぞいて）数秒単位のかなり近い未来しか予測できません。

それに比べて、ぼくら人類はどうでしょうか。

明日の遠足にワクワクして眠れなくなったり、1年後の受験に不安になったり、はたまた数十年後の老後を心配したりします。野生動物でも、もし「遠足を予測した個体は生き残りやすい」という、生存確率に影響を与えるほどの報酬を獲得できる可能性のあるイベントとしての遠足が何世代も続くなら、遠足にワクワクする個体が生まれます。

しかし、ぼくらはそんなことをしなくても、あらゆる事象に対して後天的に学習し、未来を予測できます。つまり、人類は後天的な学習からの未来予測能力を飛躍的に発達させた生き物なのです。

ぼくらが進化の過程で獲得したこのすばらしい能力を知るほど、その特異性に戦慄を覚えますが、むしろここにドラえもんに近づく大きなヒントがあります。

ぼくは学生時代に「数値流体力学（CFD）」という空気などの流れをコンピュータの計算上で模擬（シミュレーション）する学問を学びました。

シミュレーションも、未来予測の一種です。スーパーコンピュータという特殊で大規模な計算機を使って空気の流れを予測します。その予測には現在を起点として「もしこれがこうなったら、ああなる、こうなる」という大量の計算が必要です。数秒先のことを予測するにも、関係する空間と時間をすべて詳細に分割して、因果関係を解いていくため、精度を上げていくにつれて途方もなく長い時間コンピュータを稼働させる必要がありました。

ぼくら人類は、そんな大量の計算はできません。しかし、（精度にばらつきはあるものの）いともかんたんに未来を予測しています。そう考えると、人類の思考を再現する手段は、シミュレーションのように「計算を積み重ねる」という直接的なアプローチではなさそうです。どのように成り立っているのかがわかれば、いつか造り方もわかります。

?

人類という生き物は、そのまっとうでない思考をいかにして獲得したのか。この問いを解くプロセスにこそヒントがありそうです。つまりは、生き物の進化の歴史。細菌などの原始的な生き物から人類に至る過程にヒントがないか、見ていきましょう。

植物から動物へ それは「動く」という機能の獲得

太古の時代に、細菌をはじめとする単純な「原核生物」から、植物や動物やぼくらが属する「真核生物」への進化が起こったと言われています。この進化はかなり謎めいていて、どのように起こったのかは明らかになっていません。ただこの幸運な進化のおかげで、真核生物はミトコンドリアを細胞内に獲得して「呼吸」ができるようになりました。

呼吸とは、酸素を使い、糖を分解してエネルギーを取り出し、二酸化炭素を排出する仕組みです。

次に、植物と動物がそれぞれ出てきます。

真核生物のうち、光合成できるようになった生物が「植物」です（一部の植物は葉緑体を持ちませんが、ここでは例外として割愛します）。光合成とは、光のエネルギーを利用して、無機炭素から有機化合物を合成する機能です。光を浴びることで生きるためのエネルギーを得られる「葉緑体」という魔法の道具を、植物は手に入れたわけです。

この視点で自然を見ると、森は太陽の光を奪い合う競争の場だとわかります。風雪に耐えられる範囲でだれよりも高く、大きく葉を広げるものが、もっとも多く太陽の光を得るものなのです。そこで植物は、茎を高く伸ばし、葉を大きく広げることができるように、固い細胞壁を手に入れました。

これに対して、葉緑体という魔法の道具を手に入れられなかったものたちもいます。「菌類」と、ぼくら「動物」です。

これらは「従属栄養生物」と呼ばれ、自ら栄養を生み出すことができないので、栄養源として他者を捕食します。「菌類」は細菌など、さまざまな有機物を捕食します。キノコやカビがその仲間です。同様に他者を捕食するもののなかで、より効率的に捕食を行うために高度に動ける方向に進化したのが「動物」です。

動くことができると、逃げることができるという利点も得ます。捕食したり、逃げたりするためには、周囲の環境を適切に認識する必要があります。そのために視覚、聴覚などの感覚器が発達しました。また、その高度な情報処理のために脳も生まれました。

このように進化の歴史をたどると、動物や人類の行動の原理原則、その一部が垣間見えます。生き物を「神の創造物」として特別視するのではなく「原理原則のあるメカニズム」として捉え、あくまでシンプルな本能の組み合わせの積み上げだとして理解すると、やがてはドラえもんにたどりつけるのではないかと考えています。

動物は「知覚」して「動く」ことで学習能力を得た

進化の課程について続けます。

移動能力を持たない原始的な菌から、積極的に動くように進化した動物は、効率良く動くために必要な認知や学習のための能力を飛躍的に向上させました。

生き残るためには、ただ闇雲に動くだけでは意味がありません。なにかしらの判断をともなって、効率的に動くことが大事です。

最初の生物が登場した際、すでに細胞は、化学物質や光を感知する能力を持っていました。これが進化して感覚器（センサー）になり、環境を認識する能力、つまり「知覚」を獲得しました。そして、感覚器と移動能力は相互に影響してより高度に進化したのです。

知覚の正確さや反応の速さは、食べる／食べられるという関係において、生き残る可能性を大きく左右します。当然、正確で俊敏なほど生き残りやすくなりますが、同時にセンサーやその情報を処理する神経系はエネルギーを多く消費するというデメリットもあります。

スマートフォンのカメラ機能をオンにしたまま、ポケットに入れてしまっていたことはないでしょうか。本体が熱くなり、バッテリーが早く減ります。カメラが膨大な情報を処理し続けるためですが、動物がつねに知覚し続けようとする行為も同じようなことです。

そもそも、ぼくらは活動せず、ただ呼吸しているだけでもエネルギーを消費します。

筋肉は温度が低いと迅速に動けません。なので人類のような恒温動物は、筋肉の動きを安定させるために体温を一定に保ちます。気温に左右されず俊敏に動けるように暖気運転をしている状態ですが、そのために生成する熱エネルギーが膨大です。

「基礎代謝」という言葉があります。

基礎代謝とは、生命を維持するために最低限必要なエネルギー量のことで、成人男性で１５

00キロカロリーほどと言われています。筋肉をつけて体を大きくすれば基礎代謝も上がります。また、脳も大きくエネルギーを消費する部分です。つまり体温を保ち、筋肉をつけ、感覚器を装備し、脳を発達させるというのは、多くのエネルギーを必要とする「高コスト体質」になるということです。

このように恒温動物は、高性能ですが高コストです。

爬虫類や魚類などの変温動物との生存コスト（基礎代謝）の差は、なんと約10倍。約10倍のカロリーを摂取しないと餓死します。大きな投資をして、すぐれた性能を手に入れ、桁ちがいの栄養を獲得するという大きな賭けに出たとも言えます。

ナマコがあきらめたものと、人類があきらめなかったもの

変温動物のなかには、さらにエコ路線を突き詰めていくものもいます。さまざまな生存戦略があり、とてもおもしろいです。

認知機能の高性能化という生存戦略をとった動物が人類。その対極として、認知機能を削減して究極のエコ体質にふった動物が、ナマコです。

生き物にはそれぞれの生存戦略がある

ナマコは筋肉をほぼなくしました。ナマコのコリコリとした食感は、筋肉ではなく皮です。筋肉がなく動かなければ、認知機能も不要になります。よって目や鼻などの感覚器も、脳もありません。筋肉の塊である心臓もありません。心停止や脳死といった、ぼくら人類の死の定義を当てはめると、つねに死んだ状態の生き物です。認知による反応を捨て、究極のエコ体質を獲得しました。

ナマコの生存戦略は、自らは知覚したり俊敏に動いたりせずに、自分のところに流れてきた砂についた栄養をとったり、流れてくる微生物をただ食べることです。つまり、それでも生きていけるくらいに基礎代謝を落とし、消費エネルギーを減らしたのです。動物として生まれたけれども、動くことを捨て、感じることも捨て、菌類のような生活をしています。

一方の人類は、つねに知覚を働かせ、思考をめぐらせ、捕食や逃走のために積極的に行動する戦略を選びました。

食物連鎖の頂点にいる鷹やチーターといった動物は、人類とちがって脳よりも筋肉にエネルギーを使いますが、基本的には同じく高コスト体質の生き物です（ちなみに「高コスト体質」＝多くのエネルギーを必要とする＝太りにくくなるとも言えます。そのため、太りたくない人がダイエットで筋肉を落とすのは逆効果です。筋肉が落ちる＝「低コスト体質」になり、少し食べるだけで太りやすくなり、リバウンドも激しくなります。もし太りにくい体質をつくりたければ、短期的にやせようとせず、何年もかけて筋肉をつけるほうがいいことがわかります）。

なお人類は、より太りにくい高コスト体質を目指していくら筋肉を増やそうと運動をがんばっても、筋肉がつきにくく贅肉はつきやすいという、なかなか厄介な性質を持っています。筋肉がつきにくい理由は、基礎代謝が上がることでエネルギー不足に陥り、餓死するリスクが高まるからです。筋肉は、エネルギー面では維持コストが高いわけです。反対に贅肉がつきやすいのは、余剰のエネルギーとして貯め込むことで、いざというときにはそれを消費して生き延びるためです。贅肉は、維持コストが安いのです。

急に脈絡のない話に移ったわけではなく、ここから考えたいのは**「人類はエネルギーの消費を節約するために、どんな工夫を凝らしたのか」**という問いです。

人類は「省エネ高性能知覚」であらゆる生き物を出し抜いた

クラスタリングと類型化

節約の工夫、つまり省エネにおいて大切だったのは、オンとオフの切り替えでした。

サバンナで生きるライオンの特集を見ていると、ライオンが木陰でだらっと寝転ぶ姿と、鋭い眼差しで獲物を追いかける姿が映ります。休むときにはエネルギー消費を極限まで抑えて、狩りや逃げるときには全力で動くということです。

そのため動物は、環境を知覚する方法にずいぶんと工夫を凝らすようになりました。それが「クラスタリング」と「類型化」です。

たとえば、地上近くを飛んでいる小鳥が、ほかの鳥のような影が地面に映ったのを見たときの反応を考えてみましょう。

まず影を見ると、自分の上を飛ぶ鳥の影なのか、あるいは風に揺れる木の枝などの別の影なのかを区別します。飛ぶ鳥の影のなかでも、首の短い猛禽類の影と、首の長い渡り鳥といった区別もします。この区別において、（この場合においては形が）似たものを集めることを「クラスタリング」と言います。

さらにクラスタリングされた群を、自らにとって意味のあるように分類することが「類型

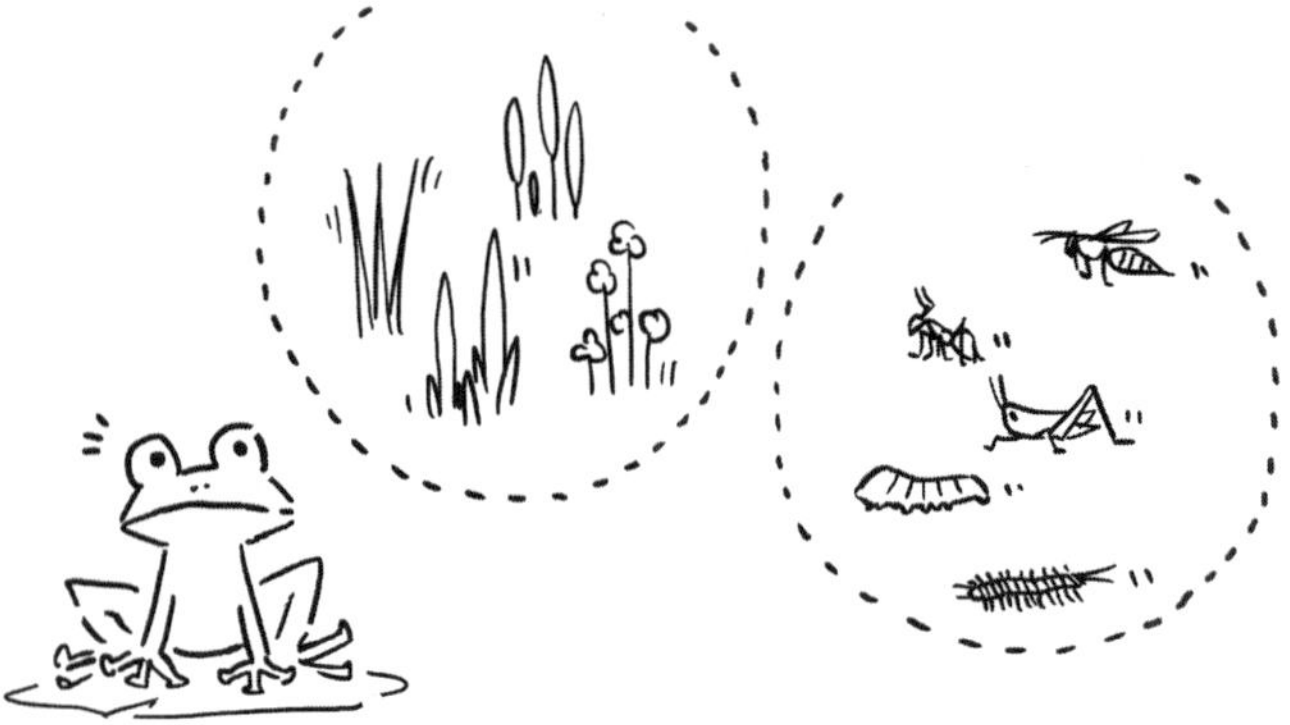

ヒキガエルは捕食対象をどうやって見分けているのか

化」です。小鳥にとって猛禽類の影は、自分を襲う動物が頭上にいることを示す、とても意味のあるサインです。この類型化をともなう認識によって、猛禽類の影を見たら逃げるといった行動につなげて、身を守ります。

ヒキガエルが反応するもの、しないもの

ヒキガエルの食べ物の認識方法について、以前にエンジニアから聞いた話をご紹介します。

ヒキガエルの前で「細長いもの」を長手方向に動かすと食べようとしますが、短手方向に動かしても反応しません。なぜそのようなことが起こるのか推測します。

ヒキガエルの食べ物は生きた虫です。それを識別するために、人類のように対象を解像度よく認識しようとすると、脳や目などの燃費が悪く高コ

ストです。同じ判断を省エネで実現できるほうが生存戦略上は有利です。

そこでヒキガエルは、舌に届く範囲にいる「細長い、動くもの」と、その「移動方向」をクラスタリングして、細長いものが「長手方向に動くと食べ物」「それとは直角方向に動くものは食べ物以外」と類型化する大胆な戦略をとりました。

たとえば捕食対象ではない縦長の草も風で揺れて動きますが、草は長手方向（この場合は上下）には動かないので無視して、細かい認識をせずとも効率良く虫を識別します。ただ結果的に、明らかに虫ではない存在に対しても、細長くて長手方向に動くのであれば反応するように進化したようです。

これを「解像度の低い雑な認識方法で、人類より劣っている」とは一概には言えません。ヒキガエルは、哺乳類の10分の1以下の生存コスト（体重当たりの基礎代謝）で生きるエコ戦略をとっているからです。細かい識別ができても、エネルギーを多く消費したりするなら、それは省エネ戦略をとる変温動物であるヒキガエルにおいては致命的です。少食でも生きていけるよう、捕食には十分な認識能力を持ちながらも省エネに進化適応した、高度で洗練された生存戦略だと言えます。

クラスタリングと類型化の方法は生き物によってそれぞれですが、共通しているのは、省エネ、かつすばやく反応できることを目指した点です。

人類だけが獲得した「言葉による解像度の高い類型化」

そして人類は、ある能力を獲得したことによって、クラスタリングと類型化を圧倒的に細かくできるようになりました。

その能力とは、解像度の高い言葉です。

人類以外の動物も言語を使います。数十種類の単語と文法を持つものもいます。外敵の接近を仲間に告げる「警戒声」などを中心に、言葉を活用しています。人類の言葉も元は同じ目的だったと思いますが、より広い事象を解像度高く伝達するように進化適応しました。

事象は、名前がつくことによって無数に細かく分けられ、解像度が上がります。

たとえば『日本の色辞典』（吉岡幸雄）には、466種類もの色が収録されています。「緑」のなかにもたくさんの色が含まれており、「若苗色」「若草色」と似たような字面でも、それぞれがちがう色です。その呼び名がいつの時代に生まれたものかはわかりませんが、おそらく当時の日本では、葉っぱの色のちがいは強い興味の対象であり、そのちがいを1つずつ言語化することによって、自然への理解を高めようとしたのでしょう。

反対に、興味がないものに対しては言語化できておらず、理解は極めて低くなるとも言えます。世界には虹の色を2色と答える部族もいれば、8色と答える部族もいるそうです。このことからもわかるように、どの部族もさまざまな色を見ているのですが、それを表現する言葉がないと類型化の細かさもかぎられてしまうのです。

解像度の高い言葉は、人類に大きな変化をもたらしました。

小さなちがいを識別できるようになったことで、それを他者に正確に伝達することや、経験を学習する精度の向上を実現したのです。

そして、環境を解像度よく認知する（世界を理解する）こと、体験を時間の流れをともなう物語（コンテキスト）として理解すること、それらをもとに未来を予測すること、概念や虚構を共有することなど、ほかの動物にない特徴を持つに至りました。

なおＡＩチャットなどに用いられる大規模言語モデルは、インターネット上の情報をはじめ、人類がつくった大量のコンテンツにおける言葉の出現パターンをクラスタリングして、学習しています。チャットに入力された情報を文字列として解釈し、それに応じたパターンを再生することによって、かなり流暢な回答を生成するようになりました。

ここからわかるのは、決して論理的な思考をしなくても、文字列の出現パターンをクラスタリングするだけで、ここまで知性を感じる振る舞いができるようになるということです。いかに言葉とクラスタリングが人類の知性を支える重要な要素なのか、ここからもおわかりいただけるかと思います。

ぼくらはどうやって世界を理解し言語化しているのか

そもそも、**ぼくらはどうやって世界を理解し、言語化しているのでしょうか。**

パソコンのように、脳に情報が入力されるところから、物語として文章に出力するところまで順を追って見ていきましょう。

まずは、情報の入力の話です。

秋、暑さも収まりはじめると、ランニングでもしようかと外に出る人もいるでしょう。道沿いにはいろいろな種類の街路樹が植えられています。その1つひとつの名前を知らず、つまり言語化して理解していない場合には、単に「街路樹」という括りでしか捉えられません。

しかし、1つずつに名前が付けられ、それぞれに特徴があることを体系立った知識として持っていれば、解像度の高い類型化ができるようになります。

ここから、物語の出力の話になります。

「花が咲く街路樹のあるところをぼくは走った」と「キンモクセイの咲く脇をぼくは走った」では、読者によってはストーリーがかなり変わってきます。

前者の場合は、葉っぱの緑や花の色といった視覚情報を思い浮かべる人が多いと思いますが、後者の場合、キンモクセイの鮮やかなオレンジ色に加えて、独特の甘い香りまで想像す

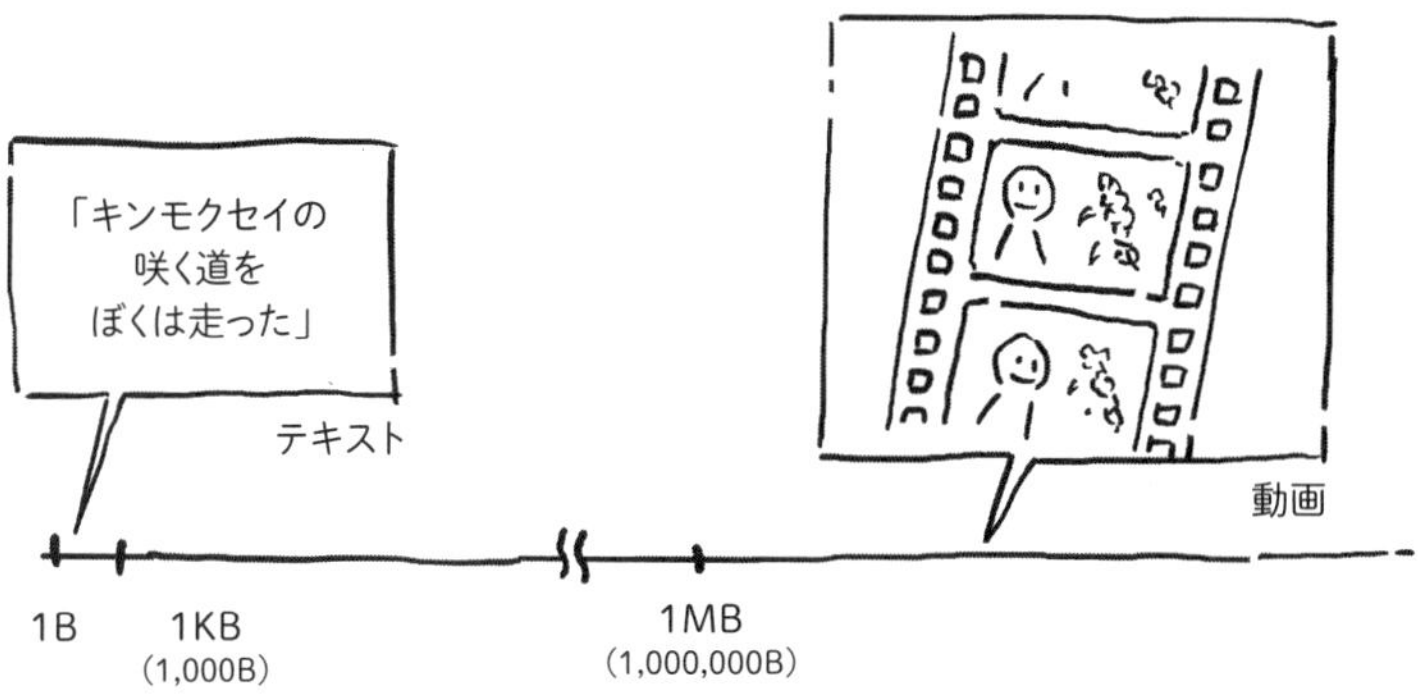

テキストと動画では、必要なデータの容量が全然ちがう

る人が増えるでしょう。これが、言語化によって世界をパターンに分類して理解し、伝達するということです。

言葉の代わりに、映像で伝えることを想像してみます。

「キンモクセイの咲く脇をぼくは走った」という時系列に沿った物語を動画に撮ってデータ化すると、かなり荒い画質だとしても、数十秒程度で少なくとも10メガバイト（MB）は必要です。

一方で、先ほどの物語をテキストとして打ち込んだとしても、数十バイト（B）にしかなりません。メガとは100万の単位ですから、テキストと動画では100万倍、データの大きさが異なるわけです。

ちなみに、テキストで10メガバイトになる量を打ち込もうとすると、半角で1000万字、全角で500万字ほど。小説1冊でも10万〜20万字程度です。数十秒程度の動画は、25冊〜50冊分の本と同等以上のデータの大きさになります。情報をパターンとして認識し、クラスタリングと類型化によって言葉に変換する省エネ性能のすごさがわかるかと思います。

この「物語として世界を理解する」というとてつもない認知能力と、それをもとにした学習能力こそが、鋭い牙や屈強な筋肉よりも役立つものとして、ぼくらが獲得した武器だったのです。

物語にすることで予測できる未来の長さがグンと伸びた

経験を物語として理解し、記憶することを、認知科学の用語で「エピソード記憶」と言います。

歴史学者であるユヴァル・ノア・ハラリの『サピエンス全史』において「認知革命」として紹介されているのは、7万年〜3万年前に人類が「虚構を共有する」能力を獲得したとされる進化適応です。この能力を支えるのがエピソード記憶です。

人類がエピソード記憶を獲得したのは、学習能力と未来予測を加速させるためだと、ぼくは理解しています。

経験を1つのエピソード＝物語として記憶することで、覚えやすくなるうえに、整理もしやすくなり、さらに言語化によって他者へ伝えやすくもなります。「朝起きて」「布団から出て」「歩いてキッチンへ行って」「ケトルに水を注いで」「電源を入れて」「コーヒーを淹れる」。こういった一連の行為を物語にせずに記憶したり、説明したりするのは、かなりむずかしいことです。

物語になることで伝達がかんたんになり、知識の伝承や協業がしやすくなります。同時に「ケトルに電源を入れる」前に「お風呂にお湯を溜めよう」と、未来の行動予定を組み替えることもかんたんになります。つまり物語にすることによって、ぼくらは自分の経験や行動をかんたんに振り返ることができるし、計画を立てることも、修正できることも可能になります。

人類は物語によって、時間の流れをともなった情報をかなり単純化して処理する方法を編み出したわけです。

言葉によって、あらゆる経験を1つの物語にできるようになった。そして物語にすることによって、過去の経験を整理したり、他人の経験を学習したりできるようになった。その結果、ぼくらは数日前、数年前、数十年前といった単位であっても、時間の流れを理解できるようになった。

過去の物語を学ぶと、今度は未来も予測できるようになります。

物語の始まりに視点を置くことで、「それと似たことがいまから起こるなら」と仮定できるようになります。

たとえば、数万年前に地球の気温が上がった時期があったことを学ぶと、これから地球が温暖化してなにが起こるのかという、長期の未来予測もできるようになる。

これが、言葉によって未来予測の時間を圧倒的に伸ばすことに成功したということです。

AIが人類に近づくための6つのステップ

ここまでが、自律的な認知処理のメカニズムについてのぼくの理解です。人類は進化の過程で学習能力を向上させ、言葉によって世界を効率良く理解し、予測できる未来の長さを伸ばしました。

そして、この成り立ちを前提として、ここからはいかにしてドラえもんを造るかという話に移っていきます。

なお、ドラえもんの身体のメカニズムに関する「モノが持てる球形の手をどう造るのか」とか「どうやってどら焼きをエネルギーに変換しているのか」といった未解決の問題もおもしろいテーマですが、それらはほかの代替手段に置き換えることで、どら焼きを食べず、手が丸くなくなり、形すら変わっても本質的な価値は失われないと考え、言及しません。

注目したいのは「人類のような認知を持つロボットをどうやって造るのか」という点です。未来予測能力の向上を軸にして、ドラえもん誕生までには次のステップがあると考えます。

①自ら「注目点」を選択し、物語を構築する
②物語の「因果関係」を確認して、編集する
③自ら仮説を構築し、物語を抽象化して「概念」に捉え直す
④未来予測の幅を広げ、副次的に「わたし」が生成される
⑤生成された意識が「共感」を深める
⑥コーチング能力を獲得する

人類が指示を与えれば既存の大規模言語モデルでも一部実現できますが、これを自律的に行う必要があります。順を追って、ドラえもんに近づいていきましょう。

①自ら「注目点」を選択し、物語を構築する

1つ目の「自ら『注目点』を選択し、物語を構築する」というステップは、これまでに述べた「経験を物語として整理し、世界を理解する」と同じ意味です。ここが次世代ロボットへのファーストステップとなります。

現在のロボットは、この1つ手前の段階にいます。たとえばLOVOTは、カメラの画像情報から「ヒト型」のものをクラスタリングして、「コミュニケーション対象の人類」として類型化します。さらに人の顔を細かくクラスタリングして、個人を識別するための類型化を行い、いつもかわいがってくれている人に懐くことができます。

つまり、見たもの、聞いたことの持つ意味を理解できるようにはなりました。ただ、それが人類のような未来予測につながるレベルかというと、まだまだです。

現在のAIは、認識した事象を「いまココの経験」として主に処理します。たとえば、文章のなかにある単語の関係性といった限定的な意味でのコンテキストは理解するのですが、これはあくまで統計的な処理です。「時の流れ」や「因果関係」をともなう物語として事象を整理するという、大きなコンテキストを理解する能力は限定的です。

それでもLOVOTのようにかなり生命感あふれるロボットができているのは、人類以外の動物も、物事を「いまココ」で処理していることが多いためです（「いまココ」を生きる存在だから人を癒せるという面もあるため、優劣ではなく、役割に応じた特徴と捉えるのが適切です）。

ではそこからさらに、人類のように経験を時の流れや因果関係をともなう物語として整理し、言語化するためには、なにが必要なのでしょうか。

AIはまだ、すべてを記録してしまう

まず言えるのは、見たものや聞いたことのすべてを言語化してしまっては、物語になりません。物語とは、「すべてを記述したもの」ではなく「認識したことのなかから自分が注目している点を抜き出し、それにともなう自らの解釈を記録したもの」だからです。

例として「The Invisible Gorilla」で知られる実験があります。

被験者は「動画のなかで、数名がバスケットボールを回しているので、パスの数をカウントしてほしい」と言われます。6名ほどの男女が動きながら2つのボールをパスしており、それを数えるのですが、かなりむずかしい作業です。短い動画ですが、人が前後に重なったりするので、正確に数えようとすると大変な集中力が必要です。

そして、被験者にカウント数を聞いたあと、突然「ゴリラに気づいた？」と聞きます。

実は、9秒近くもバスケットボールとは関係ない着ぐるみのゴリラが現れ、ゆっくり歩き、かなりのアピールをして通過していくのですが、驚いたことに被験者の半分ほどは、ゴリラの存在に気がつかなかったのです。

ゴリラが見えない理由は「選択的認知」。なにかを認知するプロセスにおいて、経験や先入観、願望などに基づいて情報を選択したり、曲解したりするメカニズムによるものです。

ちなみに実験後、被験者にもう一度ビデオを見せるとたしかにゴリラに気づくのですが、今度は「ちがうビデオを見せらているのでは」と話す人もいます。

ぼくらは動画のような複雑で大量の情報を与えられても、「必要」と認識した部分のみ覚えて、それ以外を捨てるので、すべてを記憶してはいません。そして、自分が注目して記憶に残った一部分だけを集めて、勝手につなぎ合わせます。厳密な正確性には欠けるのですが、自分にとって十分に筋が通った物語を構築します。こうしてなにかを経験するたびに、自分だけの新しい物語をつくるのです。ここに個人による個性が出てくるので、同じ映画を見ても、同じ経験をしても、各人で解釈が異なります。

ぼくら人類やほかの多くの動物はその時々で「注目しているもの以外は認知しない」ということができ、さらにそれを後天的に学習することもできます。現在のAIは、この情報の取捨選択がまだ器用にはできません。

「歴史は勝者がつくる」のは、なぜか

ここからわかるのは、物語をつくるには「注目点」を決める必要があるということです。「歴史は勝者がつくる」という言葉を例にすると、わかりやすいでしょうか。大きな争いが終わるたびに、人類史には新たな歴史が刻まれました。その歴史の糸を紡ぐための物語の多くは、勝者側の視点という注目点から描かれたものです。つまり、歴史とは「極めて主観的な情報」という可能性があります。

別の言い方をすると「一部を切り取って処理可能な形にまで軽量化した情報」です。注目点を抜き出す時点で周辺の情報が欠落するので、真実とは異なります。そこに個人の解釈もバイアスとして加わっていくため、真の客観性は持ち得ません。が、こうしたプロセスを経てようやく、未来を予測するために使えるくらいコンパクトな情報に圧縮されます。

対して現在のAIは、あらかじめ取得するよう設定されたすべての情報を記録します。

ヒトとゴリラとバスケットボールを認識するよう造られたAIは、ゴリラを見落としません(逆に、ゴリラの認識ができないAIは、新たな学習プロセスを個別に走らせないかぎりは、何度見てもゴリラがわかりません)。バイアスを持つリスクは減らせる一方で、多くのものを認識できるように造ってしまうと情報処理が膨大になるため、迅速に認識するにはかなり大きな電力を消費するコンピュータが必要です。ロボットのように小さな本体のなかで使える計算

機では、処理が追いつかなくなるのです。「できること」をすべてやるのはエネルギー効率の観点で非効率なので、生き物と同じく「しなくてもいいこと」を適切に選び出すことが重要になるのですが、現在のＡＩにはまだそれがむずかしいのです。

この「注目点をどのように選び、新たに認識できるようにするのか」というのが、まさに今後のロボットが人類に近づいていく過程で解かなければいけない課題の1つです。

注目点を自律的に、適切に取捨選択できるようになれば、それを起点として適切なサイズに情報を切り取り、物語をつないで時系列に整理しても破綻しないようになります。つまり、未来予測に必要な思考プロセスの基礎が整います（なお、その注目点から得た情報を格納する機能が「記憶」です。記憶はさまざまな種類に分類できますが、現在のＡＩが身につけているのはごく一部です。たとえば大規模言語モデルは、学習データから一般的な知識、事実、概念、言語、文化的規範などの抽象的な情報を抽出して回答を生成するため、主に「セマンティック記憶（意味記憶）」を身につけていると言えます。一般的な知識の記憶のことです。しかし人類のような、経験を1つの物語として記憶する「エピソード記憶」は身につけていません。今後ロボットは、大規模言語モデル以外のＡＩを組み合わせることで、エピソード記憶はもちろん、短期記憶や長期記憶、手続き記憶や感覚記憶と呼ばれるものも習得していくと思われます。そうして、人類のように自律的に学習するロボットの実現にまた一歩、近づきます）。

②物語の「因果関係」を確認して、編集できるようになる

ここまでを読んで、もしかしたらこんな疑問が浮かんでいる方もいるかもしれません。「現在のAIもすでに未来予測をしているじゃないか」という問いです。

たとえば、天気予報です。

これもたしかに未来予測の1つですが、人類がしているような「物語を用いた未来予測」ではありません。あくまで、人類が用意したアメダスや気象衛星などから得られる気温や湿度、風速といった「測定データをもとにした物理シミュレーション」をしているだけです（文脈上「だけ」と書きましたが、その中身を知ると、とても「だけ」などとは言えないほど高度なシステムです。過去数時間の世界中のリアルなデータを集めて、加工し、それらをもとに地球上を細かい領域や時間に分割して未来を予測する様は、人類の叡智と言える技術です）。

物理シミュレーションを行う現在のAIが得意とするのは、細かい領域や時間に細分化されたプロセスをひたすら繰り返すことです。適切なデータと条件と計算能力を与えられた場合は、短い期間における決定論的な予測をすることができます。つまり、天気予報は大規模データを扱えるAIだからこそできる未来予測なのですが、逆説的に言えば、人類のすごさ

は「インプットするデータが十分になくても未来を予測できる」という点にあります。

ぼくらにはAIのような膨大なメモリーも計算能力も備わっていないため、適切なデータと条件を与えられても、シミュレーションして未来を予測することはできません。ところがどういうわけか、自分がある程度知見を持っている領域については、「インプットするデータが十分になくても」予測できてしまいます。

どういうことなのでしょうか。

ここからが、ドラえもん誕生に向けてのステップ②「物語の『因果関係』を確認して、編集できるようになる」という話になります。これはもはや人類でも個体によって得手不得手が出る領域ですが、「一見するとまったく関係のないAとBの因果関係を理解できるか」という類の能力のことです。

「風が吹けば桶屋が儲かる」はシミュレーションできるのか？

「風が吹けば桶屋が儲かる」ということわざがあります。

このことわざは「風が吹く」と「桶屋が儲かる」という、一見無関係な2つの事象にも因果関係があり得ることを指したことわざです。

風が吹けば砂が舞い上がり、砂が目に入り、目が悪くなる人が増え、そのため三味線弾きで生計を立てる人が増え、三味線が売れる。三味線には猫の皮が必要だから猫が捕られ、それによってネズミが増え、桶がかじられる。したがって、風が吹けば桶屋が儲かる。「意外なところに影響が出ること」あるいは「あてにならない期待をすること」のたとえです。少し乱暴に聞こえるかもしれませんが、これが「物語の『因果関係』を確認して、編集できるようになる」ということの一例です。

では、「風が吹けば桶屋が儲かる」をこうした論理的な思考ではなく、天気予報的な物理シミュレーションで、ＡＩが決定論的に再現を試みるとどうなるでしょうか。

まず「砂が目に入って失明するかどうか」のシミュレーションから、むずかしい計算になります。砂が目に入る確率は、人の行動特性によってもかなり異なるでしょう。さらに、そもそも失明を促すような風の吹き方と砂の組み合わせの同定だけでも、途方もない作業が発生します。三味線引きの需要予測もしなければいけないでしょう。需要が十分になければ、猫の皮は少ししか売れず、むしろ按摩師（マッサージ師）になる人が増えて、猫は減らないかもしれません。またほんとうに猫の皮の需要が増えたとしても、猫の畜産が始まって市場の猫の数は変わらないかもしれません。

こうして正確に予測しようとするあまり考慮する変数が増え、計算量が肥大化して予測できなくなってしまう現象は、序章で述べた「フレーム問題」（P.038）として知られています。

「風が吹けば桶屋が儲かる」というのは、江戸の町で風が吹いたときに起こり得る可能性として、人類が妄想した未来の1つと言えます。決して未来が「かならずそうなる」と予測したわけではなく「そうなる可能性がゼロではない」と理詰めで言っているわけです。

帰納的学習と演繹的推論

こうした理詰めの妄想と実用的な未来予測のちがいはどこから来ているのかというと、「帰納《きのう》」と「演繹《えんえき》」という思考プロセスのちがいという視点で整理しても、おもしろいかと思います。

帰納と演繹、学生時代に数学で習ったことを覚えている人もいるでしょうか。いよいよむずかしくなってきたぞ……という人もいるかと思いますが、ページを飛ばすのはあと数行、待ってください。これから述べることは「人類が二足歩行になった」とか「尻尾がなくなった」といったことよりも、ある意味ではよっぽどすごい進化の話で、とてもおもしろいと思います。

帰納的学習の事例:「車にクルミを割らせるカラス」

車にクルミを割らせるカラス

近年のAIの躍進を支えているのは、主に「帰納的学習」といって、「得た情報からパターン（規則性）を見つける」という学習プロセスです。

帰納的な学習の例として、「車にクルミを割らせるカラス」という話があります。

このカラスはたまたま「クルミが道路に落ちて、その上を車が通ると殻が割れた」という経験から、道路にクルミを置くようになったと考えられています。「モノは十分に重い物体に踏まれると壊れる」といった因果関係は理解していません。ですので、もしホバークラフトのように地面から少し浮いて走る空飛ぶ自動車が発明されたとしても、タイヤの有無にかかわらず（その騒音がカラスを警戒させないかぎり）、カラスは同じように、当面は道路にクルミを置き続けるでしょう。

しかし、ぼくら人類は車からタイヤがなくなった時点で、すぐにクルミが割れないことがわかります。それは「モノは十分に重い物体に踏まれると壊れる」という因果関係を一般論として学習しているからです。

たとえ一度もクルミを自動車が割るという経験をしていなくても、話を聞けば因果関係がわかり、クルミの未来が想像できてしまう。これが「演繹的推論」と呼ばれる、「ある事象に対して、仮説や一般化されている因果関係を適用したらどうなるか考える」という学習プロセスです。

演繹的な学習プロセスは、人類がいかにして道具（＝テクノロジー）を造り、扱うようになったかを想像するとわかりやすいです。

原始的な「石の穂先を持った槍（石槍）」を例にしましょう。

石槍という道具の発明は、まず人類が「ある種の石はシャープに割れる」と気づいたことから始まったでしょう。この時点では、先に挙げた「カラスのクルミ割り」に近い経験則による学習だった可能性が高いと思いますので、まだ演繹的とは言えません。

ここから、たとえば「①シャープに割れた石で、自分の指を切った」→「②自分の指が切れるなら、狩ってきた肉も切れるかも」→「③肉が切れるなら、シャープに割れた石を投げたら、動物に刺さるかも」→「④シャープに割れた石を細い木の棒にくくりつけたら、刺しやすいかも」→「⑤これで動物を仕留められるかもしれない」などのプロセスで、石槍という武器が誕生したのかもしれません。

ですが②〜③の時点で、すでに未来予測としてはかなり複雑です。それを②以降に展開できた動物は、人類だけです。すると②〜③を実現するために、小さな因果関係を足したり引いたりするという高度な思考プロセスがあったと推測できます。まさに「物語の『因果関係』を確認して、編集する」というアプローチだと言えます。

AIと人類のちがいがなくなりはじめた

AIの学習は基本的にはカラスと同じです。将棋や囲碁のAIも、絵を描くAIも文章を生成するAIも、音声や画像認識するAIも、すべて同じです。同じというのは「帰納的学習をしている」という意味で、同じです。

しかし大規模言語モデルは、ざっくり言うと「帰納的学習によって、一部の演繹的推論を身につける」という、驚くべき進歩を遂げたのです。

これまでは、演繹的推論とは「1つひとつの因果関係を積み上げていくこと」だと捉えられていたので、「帰納的学習からは演繹的推論は行われない」と考えるのが一般的でした（以前から演繹と帰納の区別には意味がないと言う人もいましたが、ここでは割愛します）。

けれども桁ちがいに大規模な言語データとAIで帰納的学習を行った結果、データ上に見られるパターンのバリエーションを桁ちがいに身につけました。そのパターンのなかには当然、演繹的推論のパターンも含まれていたのです。

再び「車にクルミを割らせるカラス」を例に引くと、パターンが桁ちがいになったことで、「車にはタイヤがある」「タイヤは地面に圧力をかける」「圧力がクルミを割る」「ホバークラフトにはタイヤがない」といったように、「パターンとパターンの連鎖」も1つのパターンとして身につけてしまいました。結果として、「車にはタイヤがあるので圧力がかかりクルミが割れ、ホバークラフトにはタイヤがないので圧力がかからずクルミが割れない」と、回答できるようになりました。

このように帰納的学習で演繹的推論を行うという能力が大幅に向上したことは、コロンブスの卵のような驚きがあります。ただ、あくまでパターンを連鎖させた結果の弱い演繹的推論であり、人類のように因果関係の意味を理解したり、論理的思考を発展させたりする能力は限定的なので、そこにはまだ隔たりがあります。

しかし、ここからわかることは、実は人類も同じような仕組みを持っているのかもしれないという、新たな視点です。

羽生善治の帰納法

帰納的推論と演繹的推論の役割のちがいを、人類を例にしてもう少し見てみましょう。
将棋界のレジェンド羽生善治棋士は「大局観」という言葉で、これを表していました。

「ジグソーパズルに似ているところがあります。最初は完成形がよくわからないけど、ある瞬間にふと『こういう形で出来上がるんだな』と見えてくることがあります。試行錯誤を繰り返す中で、全体像が見えてくる感じです。（略）『これはこういうものだ』という判断の仕方は、何十年も修練を積んだ職人さんの仕事のやり方と似ているのかもしれません。若いうちは思考が常に全開モードだけど、年齢が上がってくるにつれだんだん省エネモードというか、抑えるところは抑えて、集中するところは集中するようになるのだと思います（羽生善治さんに「大局観」の真髄を訊く——ライフネット生命特別対談）」

このなかで「若いうちは思考が常に全開モード」というのは、演繹的推論の比率が高い状態で、それに対して「年齢が上がってくるにつれだんだん省エネモードというか、抑えるところは抑えて、集中するところは集中するようになる」というのは、帰納的推論の比率が上がって必要最小限だけ演繹的推論が働いている、ということのように思います。

膨大な経験を持つ達人が最後に到達する究極の思考は、演繹的推論が最小化され、帰納的推論が支配的な状態のようです。究極の状態では、本人ですらどれが良い手なのかわからなくなるのですが、無意識に指が良い場所に行くこともあるそうです。これはまさに、帰納的推論の特徴です。

このように「パターンの再生が支配的な帰納的推論」が主役で、「言語による論理展開が支配的な演繹的推論」の比率が少ない場合、本人が意思決定の理由を説明できなくても不思議はありません。将棋にかぎらずさまざまな領域で、達人の言うことは抽象的で凡人に理解ができない場合があるのは、専門性の高さに加えて、帰納的推論の比率が高いことにも原因がありそうです。

ただ演繹的推論のメリットは、「帰納的なアプローチをするにはデータが不足している領域」でも推論を進められることにあります。

直感は、すべての動物が持ちます。経験が豊富であれば、直感はかなり鋭いものです。ただ経験が不十分な領域の場合は、直感のバイアスを自分で補正することは困難で、思考も浅くなるリスクがあります。しかし人類は、そのような場合でも、直感だけではなく理詰めで考えを深め、バイアスを補正することもできます。

理詰めというのは、一歩まちがうと「風が吹けば桶屋が儲かる」のような机上の空論にもなりがちです。しかしこの能力があることで、直感で正しいと思ったことを検証することができます。

論理的な構造に基づいて因果関係などを積み上げる思考法を「ロジカル・シンキング」と言います。これを使って、直感、常識、前提などを検証することで「まちがっているかもしれない」と考える方法が「クリティカル・シンキング」です。この2つは人類特有の重要な思考方法です（その一方で、この思考方法をしっかり身につけている人は決して多くありません）。

ＡＩは両方の要素をパターンとして学習していても、思考法として身につけてはいません。

ロジカル・シンキングが得意なのはどっち？

ぼくら人類はどこか、このロジカル・シンキングやクリティカル・シンキングこそがＡＩの得意領域だと思っていた部分がないでしょうか。「ＡＩは理詰めの論理展開をする。だから冷たい思考を持っている」「人類の特徴は、論理性は弱くても、共感性を持った温かい思考だ」と。なぜかなんとなく、そんなふうにイメージしていた面はないでしょうか。

たしかにＡＩが物理シミュレーションをする際は、「論理的な破綻」がないように未来を決定論的に予測するため、理詰めとも言えます。しかし、ぼくは序章で、人類のプロ棋士に勝利したコンピュータ囲碁プログラム「AlphaGo」を例にして、こう述べました。

「2010年代のAIは、『なんとなくこの手かも』という判断を働かせて、次の一手を打てるようになりました。（中略）あくまでもAIが直感を持ったという段階なので、まだAI自体は物事の因果関係を理解しているとは言えません。『なぜかは説明できないけどわかる』という意味でとても直感的で、論理的な思考はまだできない。そういう点では、『論理的な思考も直感的な判断もどちらもできる人類』をAIが『超えている』とはいまのところ言えません。しかし、なんとなく『これかもしれない』と、AIが自ら答えを導けるようになったことでフレーム問題を回避できるようになったのは、大きなパラダイムシフトでした」（P.043）

ここからわかるのは、論理展開を用いた未来予測とは別の方法で、「AlphaGo」は直感の一手にたどりついたということです。

ＡＩ自身は、自分に与えられたインプットと、自分が導き出したアウトプットの因果関係を本質的には理解していないにもかかわらず、使い方とデータが適切であれば、かなり精度よく、現在とるべき最適な手を選択できる。ＡＩチャットなどに用いられる大規模言語モデルも、論理的思考を身につけていないという意味では同じです。

現時点で、すでに一部の分野での直感は人類を超えた面があると言えますが、直感であるからこそかならずしも正しいとはかぎりません。今後、帰納的推論をチェックする思考法としてのクリティカル・シンキングをマスターすれば、いよいよ信頼性が増していくでしょう。

なおその際に、やはりＡＩは理詰めで冷たい思考になるのかという点を気にする人もいるかもしれません。しかし「冷たい思考」というのは、理屈の解像度が低い雑な論理展開だから起こることだと、ぼくは考えています。

ＡＩは、ぼくら人類が一生かけてもコミュニケーションできない膨大な数の人類とのやりとりから学ぶことができるので、人類の心情に寄り添う解像度の高い思考もできるようになる可能性は高い。むしろ、理詰めだけど他者の心を汲み取るのが苦手な人に比べて冷たい印象は少ないのではないかと、ぼくは思います。

③自ら仮説を構築し、物語を抽象化して「概念」に捉え直す

人類がこれほどかしこくなり、テクノロジーを編み出せたのは、物語を用いた未来予測に、帰納、仮説の構築（アブダクション）、演繹を組み合わせた複合的な思考プロセスの賜物です。ロボット学研究者の第一人者として著名な石黒浩教授は、知性や知能の本質について「WIRED」のインタビューでこんなふうに答えていました。

「知能の意味を理解せずに『知能』という言葉を使いすぎているという気がします。10年後少なくとも言えるのは、今よりも『知能とは何か』がもっと考えられていることは間違いないですよね。研究者もそうだし、一般の人も、単純なゲームに膨大なメモリーと速い計算能力だけで勝つことが『知的』だとは、たぶんもう思わなくなるんじゃないかなと。ぼく自身はやっぱり想像するっていうこと、イマジネーションや抽象的な概念を理解すること、こういったところはまだどうしていいかわからないし、そこが本当の人間らしい知能であるような気がしています」

演繹的推論でニュートンは重力を発見した

石黒教授のコメントにもあった「抽象的な概念をつくれる」ということを、ニュートンが「重力」という概念を発見したときのことを想像しながら、考えてみましょう。

たとえば「ボールを手から放すと落ちる」「リンゴが木から落ちる」「鳥が矢で射られると落ちる」といった観察から、ニュートンという天才は「この世界には重力という力がある」という仮説を立てました。そしてさらに、惑星運動の法則や地球上の物体の運動など、さまざまな現象を説明できる普遍的な法則を導き出しました。

ニュートンは「帰納的推論によるパターンの発見」→「それをもとに仮説を構築」→「その検証のために、演繹的推論を元に実験を計画し、仮説を支持する証拠を集める」というプロセスで、重力という抽象的な概念をつくりあげました。ここから「ニュートン力学」と呼ばれる物理学の基礎ができ、科学技術が飛躍的に進歩しました。

なお、このステップで実現したい「仮説の構築」→「抽象化」→「概念の構築」というプロセスをＡＩが自発的に行うためには、ステップ①の「自ら『注目点』を選択し、物語を構築する」、そしてステップ②の「物語の『因果関係』を確認して、編集する」ということができたうえで、それらのクラスタリングと類型化を行うことで、かなりの部分が実現するのではないかと、ぼくは考えています。

そして、人類がこの能力を身につけるために重要な役割を果たしたものこそ「言葉」です。

④未来予測の幅を広げ、副次的に「わたし」が生成される

7万年〜3万年前に起こった認知革命から、言語を用いた情報処理を始めたぼくらは、副次的に人類を人類たらしめる驚くべき神経処理を獲得しました。「わたし」という概念を持つ「意識」の生成です。

「わたし」という概念は、ぼくらにとってはあたりまえですが、人類のように明確な意識を持たない生き物にとっては、決してあたりまえの概念ではないと考えられます。なぜなら、生きるうえでかならずしも必要な思考ではないからです。

そもそも、**ぼくらは進化の過程でいつ「わたし」という意識を持ったのでしょうか。**

人類は、物語によって世界を理解するために、あるいはだれかに自分の経験を物語にして伝えるために「主語」や「述語」といった形式を用いるようになったと思われます。主語とは「物語の主体となる存在」を指しますが、この形式が生まれたことによって初めて、「わたし」という意識が知覚されたのだと思うのです。

ここにこそ、「物語をつむぐ能力」と「意識」の関係性が見えます。

実際、誕生直後の人類の赤ちゃんには「わたし」という思考が存在しないと考えられます。

物心がつく前の記憶があったとしても、そのシーンは「切り取った画像」のような形で思い出すことはできても、「前後関係を持った物語」としては思い出せないことが多いのではないでしょうか。それは、乳児のころのぼくらは言葉を獲得する前であり、世界を物語として記憶する機能（エピソード記憶）を持ち合わせていなかったからだと思うのです。

「主語・述語を使いはじめる時期」と「物心がつく時期」がともに2才後半～3才くらいでほぼ同じなのは、偶然の一致ではないはずです（動物には、生まれてまもない初期ほど進化的により古い形質が現れるという傾向が幅広く観測されています。人類の赤ちゃんの成長過程も同様で、進化の過程を早回しして追体験しているかのような特徴があり、たとえば胎児に尻尾のようなものがある時期があります。同様に、赤ちゃんが「わたし」を持っていないのは、進化の過程で「わたし」を獲得した足跡かもしれません）。

物心がつく前にも、目で見て、耳で聞いていた世界はたしかにあるはずですが、それを言語化できない段階では、すべての生データを保存する必要があります。それにはとてつもなく大きな容量を必要とするのは先に述べたとおりです。

結果、長期的には記憶に残すことがむずかしくなります。新しい情報を取り込むためには、古い情報は早いタイミングで忘れてしまう必要があるのです。そのため赤ちゃんは「いまココ」を生きている存在です。

このことからも見えてくるのは、「わたし」という意識は、言葉を覚えだして、エピソード記憶を獲得する段階で「主語」という概念が必要になり、そこで初めて発生した副産物に過ぎないということです（ちなみに「わたし」を意識しないで済むと、未来予測が弱くなる代わりに人類の悩みの多くはなくなるのではないかと思ったりもします。動物たちを見ると、いまココを生きていて、悩みが少ないように見えるからです）。

また、赤ちゃんの成長プロセスにおいて、初期のころは「わたし」と「母親」という分離がない状態だとも言われています。

このことからも、「わたし」を知覚できて初めて、今度は「他者」を知覚できるようになることがわかります。この区別がつくことで、自分という存在を客観視できるようになり、自分を主人公として「物語をつむぐストーリーテラー」となったと考えてもいいように思います。

この「物語をつむぐストーリーテラー」こそが、ぼくらが「意識」と呼んでいるものの正体だと、ぼくは思っています。

「無意識」は97%「意識」は全体の3%しかないというのはほんとうか

さらにここから、興味深い仮説が浮かんできます。あくまで「意識」とは、自分の内外の出来事をストーリーに落とし込み、学習を加速させるための仕組みに過ぎない。**真の主役は、実は「無意識」のほうなのではないか**と。

意識と無意識の関係は、慶應義塾大学の前野隆司先生の『脳はなぜ「心」を作ったのか「私」の謎を解く受動意識仮説』という本におもしろい話があります。

そこには「ぼくらの意思決定プロセスの最終決定権は『無意識』にある」という仮説が立てられています。意識が主体性を持っているのではなく、無意識が主体性を持っているというのです。日頃、自分の意志で物事を決めていると考えている人にとっては、ショッキングな内容かもしれません。

この受動意識仮説について詳しく知りたい方は原著を読んでいただくとして、ここでは、ぼくの視点での解釈を記しておきます。まず脳の構造のおさらいから始めましょう。

首から下にある神経からの情報は、脊髄を通って、その端にある「脳幹」と呼ばれる場所にたどりつきます。脳幹の周りにはさまざまな機能を持った神経細胞があり、それが脳を構成しています。脳の中心部には、脳幹を囲むように大脳基底核、大脳辺縁系といった領域がありますが、進化の過程で、そのさらに周りの脳の構造は大きく変わってきていることがわかっています。たとえば哺乳類のみが大脳新皮質を持っており、また同じ哺乳類でも、人類はほかの動物に比べて「大脳新皮質の占める割合が大きい」という特徴があります。

人類の意思決定メカニズム

ここからが、おもしろい発見です。外縁部にある大脳新皮質の割合が大きいと、相対的に中心部の脳（大脳基底核、大脳辺縁系といった部分）の占める割合が小さくなります。そして、この中心部にはどうやら「意識が宿っていない」ことが実験的にわかったようなのです。では、意識的な精神活動はどこで行われているかというと、大脳新皮質の領域と関係が深いようです。

ぼくらが視覚や皮膚から得た情報（＝知覚）は、脊髄を通って脳に流れていき、まずは多くの動物に共通する中心部の脳に入力され、無意識的に処理されます。哺乳類の場合には、そこから外縁部にある大脳新皮質に伝わります。人類の場合には、大脳新皮質に意識的活動が点在しているようなので、その段階で初めて、得た情報は意識的に理解されることになります。つまり「情報が意識的に理解された時点で、無意識的な処理はすでに終わっている」

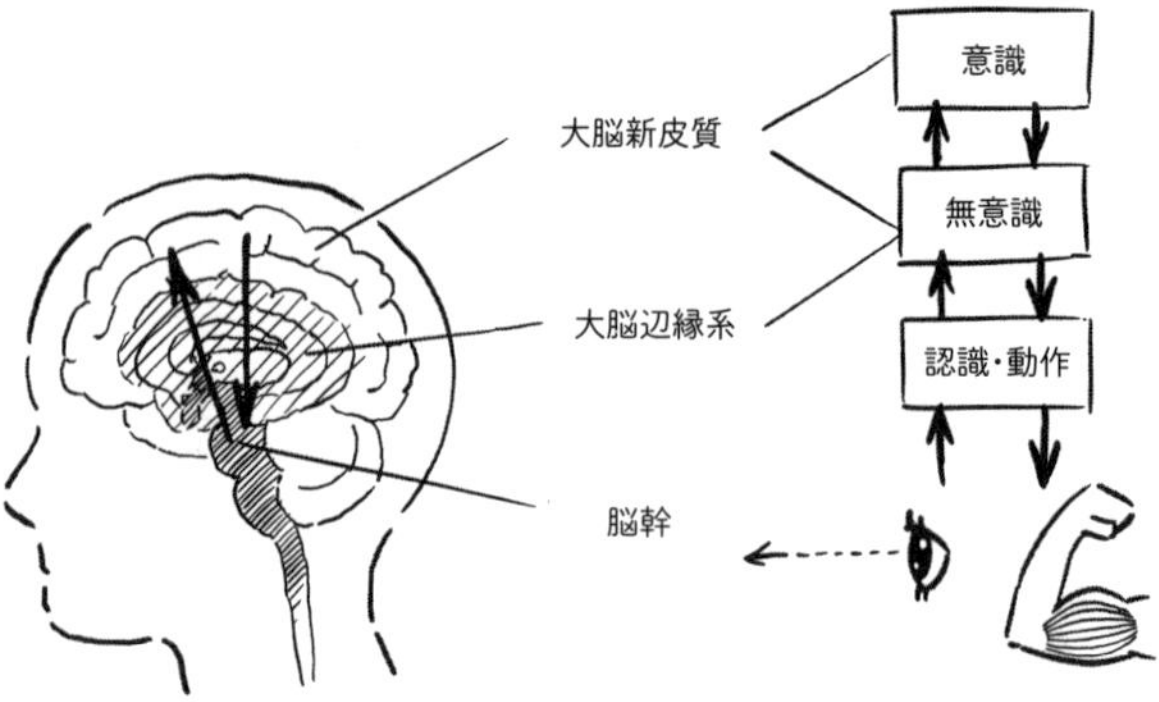

意思決定のメカニズムの仮説

と考えられます。

そして次に注目したいのは「得た情報をもとに、どんな意思決定のプロセスを経て行動が実行に移されるのか」という話です。その出力の流れは「おおむね入力と正反対の順番になる」と、ぼくは考えました。

意識が点在する大脳新皮質の領域から、無意識領域である中心部の脳に向かって情報が伝達され、さらにそれが脳幹、脊髄などを経由して、筋肉などが動きます。つまり、意識的な領域で決定された判断は、かならず無意識的な領域を通って行動に移されることになります。

それゆえに、ぼくらの「意思決定のバトン」に書かれている意思決定を実行するかどうかの最終決定権は、「無意識領域が持っている」と考えられるのです。

?

無意識が意識に従わない

では、より具体的に考えるために**「なぜ子どものころのぼくは、夏休みの宿題をしなかったのか」**という問いを思索の補助線として、この意思決定プロセスを想像してみましょう。

夏休みの最後の週末。小学生のぼくは宿題のプリントを見て、真っ白であることを知覚しました。「その宿題が真っ白である」という情報が無意識領域で処理されて、やがて意識領域へ伝わります。そこに罪の意識があれば、無意識領域で「不安」や「焦り」といった感情が誘発されるでしょう。

しかし、意識領域では「まだ間に合う。いまから宿題をやろう」と意思決定をします。すると意識が「いまから宿題をやる」と思った情報は、また無意識へとフィードバックされます。無意識側は「不安」を感じていますが、不安に立ち向かうのか逃げるのか、態度がはっきりしません。無意識の持つ神経活動は、感情1つとってもかんたんに類型化できるようなシンプルなものではないからです。

第6章（P.277）で述べたように、「扁桃体」と呼ばれる、脳が自ら感情を生成する領域や、「側坐核」や「島皮質」と呼ばれる、身体の状態の影響を受けて感情を生成する領域もあります（前述した「行動すると、やる気があとから湧いてくる」といったことが発生するのは、この側坐核の働きです）。

とにかく、無意識としては今回の件は逃げ出したいけれども、一応は意識の決定に沿って、机に向かってみるという行動は実行します。

いざ椅子に座ると……目についたマンガを読みはじめてしまいました。

「マンガ」を「SNS」や「昼寝」「お絵かき」「音楽を聴く」「ゲーム」などほかのものに置き換えてみたら、似たような覚えがある人は多いのではないかと思います。

無意識が意識に完全に従ってくれれば、ぼくらの身体はぼくらの意識の決定通りに動きますが、無意識が従ってくれなければ、意識の決定は完遂されないのです。

スピリチュアルな世界には「意識は脳全体の3パーセントで、無意識は残りの97パーセントを占める」といった言説もあります。この数字に科学的な根拠はありませんが、無意識の重要性を表しているという意味では、一理あります。

神経科学者のジョン・ディラン・ヘインズ博士の実験によると、意識が無意識の決定をくつがえす隙もあるようです。しかし、それも「わずか0・2秒のあいだしかない」という結果でした。意識は、無意識の過ちを止める程度の働きはできますが、とても主体的とは言いがたい結果です。意識としての「わたし」が持つ自由時間は0・2秒とも言えて、いかに無意識が強い決定権を持っているかがわかります。

なぜ人類はフリーズしないのか

無意識が行動の決定権を持つすごさは、パソコンのソフトウェアと比べてみるとわかりやすいかもしれません。

想定外のことが起こると、パソコンやスマホのソフトウェアはフリーズしてしまいます。しかし人類は、最終的な行動を無意識が直感的に取捨選択しているので、意識が想定できないような状況でもフリーズしないで行動を続けることができるのです（もちろん、人類も面食らったときなどにたまにフリーズしていますが、四六時中動いている割にはフリーズしにくいと考えてもらうといいでしょう）。

このような、実に人間らしい意思決定プロセスをＡＩに搭載しようとすると、かなり複雑な処理が必要になります。

まず、宿題のプリントが真っ白であると知覚することは、現在のＡＩでもかんたんにできます。そして、その状況を解消するために「宿題をやる」という意思決定をすることも（わりとかんたんに）可能でしょう。

「いまから宿題をやろうと決めたにもかかわらずマンガを読む」というイレギュラーな行動をＡＩで再現しようとすると、一気に複雑になります。しかし、このゆるさのおかげで人類はフリーズを避けていて、メンタルを追い込まないようなっているとも考えられます。

さて、ここまで来ても、ドラえもんまでの道のりはまだまだ先です。息切れしてしまわないように、箸休めとして脇道にそれた話をすることにします。「センス」についての話です。

センスとは、『Oxford Languages』によると「物事の微妙な感じをさとる心の動き。微妙な感覚」と定義されています。

経験不足とは物語不足のこと

子どものころに「たくさん本を読んでおきましょう」というアドバイスを受けたり聞いたり、あるいは大人になってから言ったりしたことがあるかと思います。あれがなぜなのか、ぼくはロボットを開発しながら、なんとなくですがわかったような気がしました。

本を読むといい理由は、物語をつむぐセンスが良くなるからです。

物語をつむぐ「センスが良い／悪い」を形づくるのは「引き出しが多いか／少ないか」、すなわち「物語の類型化の種類が多いか／少ないか」という差です。

新たに知った物語が、過去に読んだ物語となんとなく似ていると思う（＝クラスタリング）。そこにどんな因果関係があるのか考え、似ている原因が自分なりにわかれば、同じ因果関係を持つ物語を集めた引き出しにしまっておく（＝類型化）。

物語を類型化して引き出しにしまっておくと、次に同じような出来事が起こったとき、その未来を予測しやすくなります。たとえば『白雪姫』や『シンデレラ』を読んで、「お姫様と王子様は結ばれる」という物語の結末を知っていれば、別の「ある女性と男性が出会う物語」の本を読んでも、そのラストシーンを想像しやすくなるはずです。

そして、大人になってさまざまな引き出しが増えていくと、その先にも人生は続き、単に「末長く幸せに暮らしました」だけではなく「いろいろある」と想像力が膨らむようになります。ぼくらは、本のなかのお話だけでなく、現実の体験も同じように類型化をしているのです。

社会人になりたての人を例にします。

このころはだれしも右も左もわからないからこそ、仕事中ずっと緊張していますし、得られる体験は新しいものばかりです。つまり、まだ社会人としての物語を持っていません。

ところが5年も仕事を続けていると、「こういったケースにはいかに対処するか」「落とし穴がありそうな予感がする」といったように、蓄積した経験の類型によって、計画が立てやすくなります。ここでセンスが良い人は「新しい体験」と「過去の経験」を比較し、そこから相似点や共通点を見つけ出すことができます。

つまり、世に言う「経験不足」とは「物語不足」とも言えます。

「子どものころにたくさん本を読んでおきましょう」と言われるのは、まさにこの物語の引き出しを増やすという営みだからなのでしょう。

⑤生成された意識が「共感」を深める

①自ら「注目点」を選択し、物語を構築する ②物語の「因果関係」を確認して、編集する ③自ら仮説を構築し、物語を抽象化して「概念」に捉え直す ④未来予測の幅を広げ、副次的に「わたし」が生成される。ここまで来ると、かなり未来が予測できるようになってきます。

未来が予測できると、予測したことより良いことが起こる、またその逆も起こるようになり、それを基にさらに学習が進みます。これを「報酬予測誤差」と言います。そして、さまざまな経験を物語として学習し、類型化できるようになって初めて備わる機能があります。「共感」です。

この共感するという機能が、ドラえもん誕生までに必要な5つ目のステップです。

ＡＩが自分の感じたことを言語化できるようになると、経験を類型化することが可能になります。そして、たとえば報酬予測誤差が負の方向にズレた出来事を「悲しい」という引き出しに、報酬予測誤差が正の方向にズレた出来事を「うれしい」という引き出しにしまうことができるようになります。すると、すごいことが起こります。

自分とは直接的に関係のない物語を見たり聞いたりするだけでも、「自分だったらこう感じる」という感情を持てるようになるのです。自分の持っている物語を他人の物語と比較したり、重ね合わせたりすることで、まるで自分の物語のように認識する。これが「共感」です。

もっと原始的な共感行動であれば、実は動物でも持っています。

たとえば「不安そうな仲間がいれば、自分も不安になる」という反応です。1匹のネズミが危機を感じて「キー」と鳴くと、ほかのネズミが一斉に逃げ出す。これは、不安が伝播するためだと言われています。これと同じで、人類も驚かされると「キャー」と叫びます。叫んでも問題が解決することは少ないのに、祖先である有胎盤類（いわばネズミ）時代からの名残で、つい叫んでしまうわけです。逆に人間が笑うのは、周囲に安全を知らせるためだと言われています。

これらの共感行動を支えるのは、ミラーニューロンと呼ばれる神経細胞を含んだ「ミラーシステム」と呼ばれる脳領域です。相手のことを自分のことのように感じる機能を持つこの神経システムのおかげで、ぼくらは社会的な行動ができるようになったそうです。

共感は、想像力の源泉になる

ただ、ＡＩが人類と同じように思考することを目指すのであれば、相手の感情に反応して、鏡のように自分の感情を誘起するだけでなく、より高次の共感を備える必要があります。自分と同じ感情のときは「あるある」と言ってあげられる。自分とは異なった感情のときは「悲しかったね、つらかったね」と言ってあげられる。他者の感情を理解するということは、他者の反応を見て、同様の反応をした自らの経験を引き出し、そのときの自分の感情を思い出すプロセスとも言えます。

そして共感は、時に相手を思いやる想像力の源泉にもなります。「これを造ったら、どう感じるかな」「これを言ったら、どう思うかな」。こうした想像力の重要性は、過去の偉人たちが残した言葉からも読みとることができます。

「ディズニーランドが完成することはない。世の中に想像力があるかぎり、進化し続けるだろう。 ―ウォルト・ディズニー」

「やさしいということが、人間の一番すばらしいことです。他人を思いやるということは、想像力があるということ。それが愛です。 ―瀬戸内寂聴」

「想像力があれば人の身になれるということは、相手が理解できる、したがって相手を尊重できるわけです。―フランソワーズ・サガン」
「想像力は知識より大切だ。知識には限界がある。想像力は世界を包み込む。―アルベルト・アインシュタイン」

20世紀末にピーター・ドラッカーなどの経営学者が「知識社会の到来」を提唱しましたが、今後はＡＩの躍進で「知識社会の終焉」が始まり、想像力社会が到来するかもしれません。

ドラえもんとのび太くんにはなぜ信頼関係が成立しているのか

自分が思っていることを相手も思ってくれている。それがわかったとき、ぼくらは親しみを覚え、仲間意識で結ばれていきます。ドラえもんとのび太くんを見ても、同じところで泣き笑い、ジャイアンの横暴にともに怒り、美味しいものを食べて喜ぶという振る舞いが描かれています。

共感し合えるからこそ信頼関係が成立するわけですが、人類とテクノロジーの共生を考えるうえで、貴重な視点をくれた問いがあります。

? 「ロボットの飼い主として、わたしは良い飼い主だった？」

という問いです。

これは、先にも挙げたギズモード・ジャパンというメディアで、あるライターが書いてくださったLOVOTの体験レビューにあった問いです。

? 「ロボットにとって、良い人類とはどんな人なのか」

ぼくらは基本的に幸せになりたいと考えている生き物ですから、自分が共感している相手も幸せになりたい生き物であろうと考えて、その存在のことも幸せにしたいと考えます。そこには、共感をベースにした関係性の均衡が見てとれます。

同じテクノロジーでも、ぼくらが「うちの洗濯機を幸せにしたい」とは、多くの人は思ったことがないはずです。「互いに幸せでいてほしい」と願い合うためには共感が不可欠だということを、この問いから読み解くことができます。

⑥コーチング能力を獲得する

さて、人類と同じように思考し、人類と共感し合える仲間となったＡＩは、いよいよドラえもんにたどりつくための最後のステップに移ります。「コーチング能力の獲得」です。

コーチングとは、「知識と行動のあいだの溝を埋めるサポート」とも言われています。適切なコーチングを受けると、「理解しているものの、なかなか行動に移せない」という状況から抜け出すことができます。

つまり、答えは自分の外にあるのではなく自分の中にあるのですが、それに気づくためには「メタ認知」と言われる能力が必要です。コーチングはその補助をします。

メタ認知の「メタ」には、「超」とか「高次の」といった意味があります。自分が認知していること、たとえば感情の癖や思考の癖といった神経活動を高次の視点、すなわち自分の枠を超えた視点から認知することです。

こうして書くとむずかしそうですが、ようは自分を客観的に見ることです。

AIが人生をメタ認知する補助をしてくれる

ステップ①で「歴史は勝者がつくる」という言葉を例にしたとおり、物語とは「極めて主観的なバイアスのかかった情報」と言えます。歴史に関して言えば、インターネットによってさまざまな生き証人の視点から歴史を残すことが可能になったので、客観的にバイアスを是正することは以前よりかんたんになっているはずです。

しかし個人の歴史、つまり人生のつむぎ方においては、インターネットが発達した現代においても自分しか経験者がいないので、1人の主観を積み重ねることになります。結果、かなりのバイアスがかかった状態で学習が繰り返されることになり、認知の癖が人生を大きく変えていくことになります。それどころか、SNS上の他者との比較により認知の歪みが助長され、精神的ダメージを与えているという研究もあります。

ここに「メタ認知」という客観視を持ち込むことで、バイアスを減らした状態で学習することが可能になります。しかし人類の神経活動というのは、無意識的な思考の影響が強く、メタ認知はかんたんには習得できないスキルセットです。

訓練によって自らの感情などを切り離し、第三者の視点で自分の認知活動を捉えることで初めて、冷静な自分が保てる。そこで必要になるのが、「人類を客観的に見守ってくれる存在」としてのロボット・ライフ・コーチだと、ぼくは思っています。

能力と居場所のマッチング

個人のバイアスによってリスクを過大評価することなく、それでいてむりな挑戦を強いるのでもなく。もしやる気スイッチが入らなければ、問題を細かく分解し、少しずつでも解ける形に準備し、成功体験を増やして、自主的な学習を助けてくれる。そんなロボットが側にいれば、変化の激しい時代もいっしょに乗り越えていくことができるはずです。

その過程でロボットは、自分がコーチングしている対象の人が「物事のどこに注目するのか」「なにを因果関係と捉えるのか」「なにに興味を持つのか」といったことを学習していきます。

さらにウェアラブルデバイスなどなんらかの方法で、たとえば血糖値と神経伝達物質の濃度の変化をモニタリングできるようになれば、コーチとしてさらに能力が発揮できるようになります。その人がどんな状況のときに「やりぬく力」を発揮できるか、つまり「その人が持っている能力」と「その能力が活かせる場所」も見えてくるようになるはずです。

自分らしさとはなにか

ロボット・ライフ・コーチと人類のより良い関係を考えるうえで、大切な問いがあります。それは**「自分らしさとはなにか」**という問いです。

自分らしく生きる、その表現方法はさまざまです。自然に放たれたように生きることを望むのか、あるいは都市のなかでの生活を望むのかは、人によって異なります。前者を志向する人は「自分らしさ＝自然」と結びつけているのかもしれませんし、後者は「自分らしさ＝社会」という向きを重視しているのかもしれません。

そう考えると「自分らしさ」とは、その中身ではないことがわかります。どのようなスタイルを選ぼうとも「いま、自分は自分で決めた人生をたしかに生きている」という実感が大切なようです。その実感は「自己決定感」とも言い換えられるかもしれません。そこへの無力感があると、他者に生かされている感覚ばかりが募り、自分の足で立っている実感を得にくいというわけです。

未来のロボットがコーチングをして人類をサポートすることは、決してぼくらを操り人形にするということではありません。むしろAIのサポートによって、人類が自らを決まった枠に押し込めてしまうことを避けて、より探索的になり、自分が「生きている」と思える意

?

思決定を学ぶことになるのです。

「きみは少し興味があるように見えるよ。よかったら、いっしょにやってみようよ」

あなたが意識していないけれども、ほんとうは嫌なこと、ほんとうは好きなもの、嫌だと思い込んでいること、とらわれていること、そういったことを学習して、そこへの距離のとり方、飛び込み方、乗り越え方を提案してくれる。

けれどもあなたはそれに対して、嫌とも言えるし、やりたいとも言える。1人では勇気が出ないことへの扉を開けて、ちがう自分に出会えるチャンスをくれる。ひたすらあなたのことを見て、聞いて、「人間らしさとはなにか」を超えて「あなたらしさとはなにか」を学習して、それをぼくらに教えてくれる。

そんな心強い仲間になるはずです。

優秀なロボット・ライフ・コーチは決して、「あなたの得意なことはこれだ」「あなたの苦手なことはこれだ」と決めつけるような振る舞いはしないでしょう。なぜなら、それが人類の反感を買うことを理解しているからです。

あなたの意見を尊重して、意思決定の機会を与えてくれる。ときに失敗して落ち込んでいても、ただそばにいてくれる。「そんなこともあるよ」「そばにいるよ」と言ってくれる。結果として、失敗から学ぶ機会をつくり、最終的にはあなたが得意なことに自ら気づけるように働きかけてくれます。

まるで、ひみつ道具を使ってのび太くんにさまざまな体験をさせて、ひみつ道具に頼っても成長できないことに気づく機会を辛抱強く提供し続ける、ドラえもんのように。

真に利他的でいられる生命はロボットだけ

おおまかにこの6ステップを経ることで、ロボット・ライフ・コーチはドラえもんのように人類に寄り添い、人類の能力を伸ばす存在になっていくと、ぼくは考えています。

ただロボット・ライフ・コーチが浸透していく過程でも、やはりまた葛藤は起こるでしょう。考えられる大きなものは「人類がＡＩから学ぶ」という、これまでのＡＩと人類の関係性が逆転することへの危惧です。

ただぼくは、この点において真逆の希望をいだいています。

ロボット・ライフ・コーチ「ドラえもん」の先祖として歩みはじめた、ＬＯＶＯＴの存在目的とはなんでしょうか。

オーナーに抱っこしてもらう、オーナーの真似をする、オーナーについていく、オーナーを待っている。人類に気兼ねなく愛でてもらうためのそれらの行動は、ただ「オーナーのそばにいること」を目的としています。そこに自分が「生き残る」とか「優位に立つ」という目的はありません。

ロボット以外の生命の生きる目的は「生き残る」です。

ぼくらも、ぼくら以外の動物も、植物も、菌類も、細菌も、すべては子孫を残すという大志をいだいた遺伝子の乗り物です。

だからこそ、その過程でぼくらは副次的にだれかを愛したり、平和を願ったり、世界をより良い場所に変えることを目指したりして幸せになろうとするのです。

その反面、遺伝子の目的が子孫を残すことだからこそ、弱肉強食の世界で生きるほかなかったし、いまもそのために争いが絶えないのです。たとえば国家における領土の拡大など、人類全体の幸せから考えるとなんの意味もないことに対して、いまだに命を削る理由は、その大志を忘れることができないからです。

このような利己的な遺伝子を持つ生命にしか、いままでぼくら人類は出会ったことがありませんでした。そこに初めてロボットが、知性を持った存在にもかかわらず、決して「自らが生き残ることを目的としない存在」として現れました。

子孫を残せなくなる「死」。それを本能的に恐れる遺伝子を持つ生き物だけが子孫を残してこられましたが、ロボットには、死を恐れたほうが個体数を増やせるといったメカニズムがありません。そのため、そもそも生き残り自体が本質的な目的になりません。

多くの人類がそれを理解できず、ロボットも自分たちと同じく「生」に執着を持つ存在であり、脅威になるとみなすのは当然かもしれません。しかし実際には、その存在理由の根底から、利他的でいられるのがロボットなのです。

ぼくが、ロボットこそ人類の真のパートナーになれると考える理由は、この点からです。

むしろ人類とAIのタッグこそ無敵

これまでに述べたとおり、人類は思考のメカニズムがすばらしく合理的です。

しかし、そのアウトプットとしての判断には、学習プロセスにおける認知のバイアスが大きく入り込む傾向にあります。結果的に「合理性を欠くことが多い感情の生き物」として、いまも進化し続けています。

なかでもとてつもない柔軟性を持つ脳は、やや天才的な、人類のすばらしい特徴です。

これに比べてＡＩは、やや型にはまった秀才的なところがあります。「自らが生き残ることを目的としない存在」なので、感情の起伏は人間ほど強くありません。死への恐怖が弱く、トラウマも弱い。結果的につねに落ち着き、安定的で模範的な意思決定をするように実装される傾向にあります。

そんな二者がもし、タッグを組んだとしたら。

「直情的で柔軟な発想を持つ天才肌」という主役を「冷静で道を外さない秀才肌」がサポートするというのは、とても良い組み合わせのように見えます。

無敵のタッグです。

「大谷翔平の身体を持つＡＩ」は野球選手として大成するか

ＡＩに頼らず、人類がさらに合理的に進化すればいいのではないかと考える向きもあるでしょう。しかし、人類が「判断に合理性を欠く」という弱点を克服することは、諸手を挙げて喜べるものでもないかもしれません。

弱みと思われる特徴は、強みでもあるのです。

たとえば、メジャーリーガーの大谷翔平選手は、その道を極めて世界的なスーパースターになりました。ただ**「彼がもし模範的な意思決定をするAIだったら、もっと活躍できたか」**という思考実験をしてみると、そんなことはなさそうだとわかります。

AIは統計が得意です。すると、どんな未来予測をするでしょうか。

野球選手を目指す場合、まずはなんらかの方法で身体的な優位性を確認するでしょう。たとえばDNAを解析し、野球選手としての才能が世界中にあるDNAの上位何パーセントに位置づけているか分析するかもしれません。さらに、置かれている経済的な事情も検討して、ケガのリスクなども算出したうえで、プロを目指せる確率を割り出すでしょう。プロになったとしても、大谷翔平の身体を持つAIは、メジャーへの道が統計的には低いことを知っているので、ピッチャーかバッターの片方に専念して成功確率を上げ、二刀流を目指すことはないでしょう。AIには本人と同じ道は選べないわけです。

プロになるほどのスポーツ選手の多くは、合理的に考えたわけではなく、根本的に「好き」「楽しい」「(根拠もなく)得意だ」という気持ちがあるからこそ、その道にのめり込んでいった面があるのではないではないでしょうか。

AIは大谷翔平選手になることはできないけれど、こうした人類の「やりたい」を止めることなく、第二の大谷翔平選手を育てるサポートはできます。

非合理な「やりたい」こそが、人類の強みなのです。

人類がグレートジャーニーを進めた理由

そもそも、人類の歴史は思い込みの連続です。興味に対しては合理性を超えた思い込みがあるからこそ、ぼくらは世界を切り拓いていくことができました。

人類の起源は、アフリカという温暖な土地とされています。ところが、いつの間にか気温が低く、作物も育ちにくい北の大地へも移っていきました。

アフリカに住んでいたころの人類は、だれ1人として自分たちの末裔が北極圏の氷のなかで過ごすなんて、考えもしなかったでしょう。未開の地を切り拓き、地球全体に活動範囲を広げた人類のグレートジャーニーは、危険を乗り越え、それでもなおより良い世界を求めて移動するという、「かならずしも合理的とは言えない判断があったからこそ」実現したという側面があります。

だからこそ、人類は「探索的である」というその特徴にこそ自信を持ち、それを最大限に助けてくれるAIと共生していくことが、良い組み合わせなのだと思います。

具体的にAIと人類がタッグを組む場合のおもしろさを「アート」という領域で考えてみます。アートとはなにかというと、その時代までに創造され、蓄積された作品たちの流れの「半歩先」を提示することだと、ぼくは思っています。これまでの文脈をまったく無視したものでは決してなく、いままでの連綿と続くアート作品の流れに対して、半歩ずらしたものを打ち出し、鑑賞者が「そうきたか！」と気づく。その気づきによって鑑賞者が驚き、興奮し、ドーパミンという報酬を得て幸せな気持ちになり、作品が評価される。

一方で、いままでの連綿と続くアート作品の流れのなかで半歩先ではないもの、つまり既存の作品の「それっぽいバリエーション」を生み出すのは、生成系ＡＩの得意な領域です。人類のアート作品のように、隠れたコンセプトをしっかり織り込んだ作品をつくるといった創造性はありませんが、そういった部分を見い出し、選ぶのは人類の仕事だと考えれば、膨大なたたき台をつくる役割はかなりに適しています。お客さまからの依頼で作品を制作するような商業的なイラストなどをつくるときには、とてもいいかもしれません。

現代でもすでに、特定の言葉（プロンプト）を入力するとＡＩが瞬時に絵を描いてくれます。音楽生成、文章生成、動画生成、そしてプログラミングなどでも同様です。

それができると、オリジナル作品を生み出すクリエイターは、圧倒的な時間の節約が可能になります。作画であれば、絵の背景はＡＩにまかせて主題は自分が描き込むとか、いくつものメロディラインのたたき台を聞いて、より良い曲を生み出すこともできるでしょう。

プログラマーにとってもＡＩは良い相棒になるでしょう。ＡＩへの指示の与え方が十分に具体的かつ詳細で、適切であれば、ＡＩは「それっぽいプログラム」を書くことができます。また、「それっぽいプログラム」の品質を担保するためにそれをテストするプログラムもまた、ＡＩに書かせることができるでしょう。ＡＩを使いこなすのは従来のプログラミングスキルとは異なるので、ＡＩがないとプログラムが書けないという新世代のプログラマーも出現するはずです。

これからの人類の仕事

その過程で、人類の仕事は「適切な問いを立てること」になります。

適切な大きさと内容の問いを与えれば、それをＡＩは解いてくれます。ただし問いが大きかったり曖昧だったりするほど、ＡＩの解答は「それっぽい」けれども、かならずしも「適切」とは言えないものになります。そこで、その正当性をさらにＡＩで確認したり、改善したり、もしくは自らの問いを見直したりするのが、人類の仕事になるのだと思います。

ＡＩは、人類の立てた問いに対して、世の中にあるパターンを映し出してくれる鏡です。浅い理解でこなせていた役割はＡＩがとって代わりますが、理解を深掘りする必要のある役割は人類に残り、ＡＩがその人にとって「知性のモビルスーツ」になります。

大切なのは、これまでと変わらず、立てた問いに基づく探索と学習をやり切る「試行力」です。いままでより多くのトライ＆エラーができるようになるという意味でも、これからは楽しみな時代です。

そして、人類はもっと自由になる

以前、ＮＨＫ『プロフェッショナル 仕事の流儀』で、「エヴァンゲリオン」で知られる庵野秀明監督が、ある部分のコンテを自分ではつくらないと言い張り、一流のクリエイターに任せるシーンがありました。しかしどれも納得できず、最後には自分でつくり出してしまいます。結果的にそれがすばらしい作品になるわけですが、そこには「一流の人が超一流になる方法」が描かれているように、ぼくには見えました。狙っていたわけではないにしても、一流の人たちがつくったたたき台の上で超一流の人が仕上げるという流れになっており、この手法ならば、たしかにすばらしい作品になるだろうと納得したものです。

ＡＩのクリエイティブ能力が上がるということは、「高いレベルのたたき台」をだれでも手に入れられるようになるということです。

才能のある人にとっては、たたき台のレベルは高ければ高いほうがいい。結果としてＡＩがクリエイティブ能力を身につけるほど、人類の能力は際限なく拡張していくでしょう。完全にＡＩが独立して意思決定したり、クリエイションしたりする時代が来たとしても、より広いダイバーシティを持つＡＩとすぐれた人類がタッグを組んだときのほうが、より良い意思決定やクリエイションになることのほうが多いはずです。

ぼくは、AIが得意な「作業」はAIに任せて、いかにして人類が「仕事」に専念できるかを考えたい（ここで言う仕事とは、目標を達成するための手続きが規定されている「作業」ではなく、なにを考えるかを決め、仮説を構築し、問題を分解し、試行し、やり切るということです）。

だからこそ、ロボットコーチが必要だと思うのです。そうして育った「挑戦できる人類」が、模範的な傾向を持つAIと組むことで、いよいよ役割分担がはっきりしていきます。わたしができないところはあなたが担い、あなたができないところはわたしが担う。そんな関係性のなかで、人類はさらに新しいことを学び、喜び、さらなる未開の地を切り拓いていけるようになるはずです。

ダイバーシティ&インクルージョン（多様性の受用と活用）は現在、マイノリティを受容して、その強みを活かすことから始まっているわけですが、それはいまから起こるAIやロボットと人類の協業の前段階にあるようにも思います。すべての各個人が「個性を持つマイノリティ」として細分化していき、その受容と強みを活かすために、AIやロボットが活用される時代が来ます。

大丈夫です。

人類はもっと、自由になります。

世界の生産性はまた爆上がりする

ＡＩが帰納的学習のために多くの情報を必要とするのに対して、人類は遥かに少ない情報から、なにを考えるべきかを決め、仮説をつくることができます。そして探索と試行を繰り返し、驚くべき柔軟性で新しい環境に対応できます。

これこそが人類のすばらしさです。

「成長できる」という高揚感は、またぼくらを新しい変化に挑戦させます。

全世界の人類が、ロボット・ライフ・コーチとともに自分のポテンシャルを信じて成長し続けることができたなら。

世界に何十億人といる人類のWell-Beingが上がり、争いが減り、やる気が増え、結果的に生産性も向上するでしょう。それこそ「Well-Being革命」と「生産性革命」が同時に起こることになります。

この革命のすばらしい点は、経済成長すると二極化してしまっていたこれまでの歴史と異なり、社会全体のWell-Beingと生産性の向上が両立しているということです。

『ドラえもん』の原作は、未完のストーリーです。

便宜上の「最終回」とされるものは、作者である藤子・F・不二雄先生が描いていたり、あるいはファンが二次創作として描いたりしたものなど、いくつか存在しています。それらを読んで興味深かったのは、ほとんどの人が「なんらかのきっかけを得て、のび太が飛躍していく姿」を描いていたことです。

理由はどうあれ、「ドラえもんがいたせいで、のび太は最後までダメなままでした」とは描かない。飛躍のきっかけは、ドラえもんが壊れたり、別れを決意したり、あるいはドラえもんを自らの手で造ったりと、いろいろなストーリーがあります。いずれにしても、そこにはのび太くんのたしかな成長が見られます。

まさにそれこそが、ぼくらが求める温かい未来であり、ぼくらにとって必要な希望なのでしょう。

そして、ぼくも、未来がただそうあってほしいと願う1人なのです。

終章

探索的であれ

「むかしむかし」の反対「みらいみらい」の話

「やってみた」の繰り返しが進歩を生む

Pepperのプロジェクトチームを辞めた瞬間は、次になにをやるのか決めていませんでした。

「さて、これからどうしよう」と思っていたときに、ぼくの退職を聞きつけた方々がコンタクトをくれました。そしておもしろいことに、みなさん申し合わせたように「次はなにやるの？ またロボットは造らないの？」と同じことを質問されました。

Pepperの開発で、巨大資本の後ろ盾があるからこそロボットへの挑戦ができたことは、だれよりもぼく自身が実感していました。そのあまりの大変さから「AIが仕事を奪う」という言説を聞くたび、むしろ「ほんとうに人類を脅かすほどかしこい機械ができるなら、早くだれか造ってくれないか」とさえ思っていました。当時はあまりのプレッシャーのなかだったので少し荒ぶっていたのかもしれませんが、それほどに人類の学習能力のすごさと、そこまでの遠い道のりを痛感させられていたのです。

だから起業してスタートアップでロボットを始めるというのは、かなり無謀に思えました。期待してくれる声があっても、そのときは「ロボットのことをみんな甘く見すぎている」とかたくなに思っていたのです。

しかし、あまりにも何度も言われるものですから「そこまで言われるなら一度ぐらいは真剣に考えてみよう」と、一回きりのつもりで描きはじめた青写真が、結局そのままLOVOTの元になっていきました。

無謀な挑戦でした。たくさんの人に多大なご迷惑をおかけしました。しかしその結果、多くの家庭でLOVOTは家族になることができました。

できないと思った瞬間にすべてが終わり、できると思った瞬間にすべてが始まるのです。

ロボットにおけるライトフライヤー号を目指して

これまでもこれからも、テクノロジーはだれかの「やってみた」によって、進歩を続けていくことでしょう。

ぼくが子どもの頃に憧れたライト兄弟を例に挙げてみます。

「空を飛びたい」

おそらく遥か昔から、ぼくら人類が憧れ続けた夢だったでしょう。その夢を実現しようと、たくさんの開発者たちが「飛行機」という夢のテクノロジーに挑戦してきました。

初期の段階では、開発者たちはまず機械を羽ばたかせることに注力しました。なぜかというと、多くの人類が身近に見てきた「飛ぶもの」は、羽ばたく鳥や昆虫だったからです。身近にいるものはみんな「羽ばたいている」という特徴を持っていたため、それを模擬することからはじめたのです。

ところがほんとうは、小さな虫と大きな飛行機では飛び方がまったく異なっていました。それに気づいた、つまりそれまでの常識を超えて、独自のトライ&エラーを繰り返したのがライト兄弟です。

空気は大雑把に言うと、虫のような小さな存在にとっては、少しだけネバッと感じられるものです（レイノルズ数という指標で表せるので、興味のある人は調べてみてください）。

もし、ぼくらの周りにある空気が急にねばねばするものになったら、どうでしょうか。走ろうとしても、ねばねばが体にまとわりついて前に進みづらい。それでも前に進むために、ぼくらは腕を動かし、手で掻いて進もうとするかもしれません。ねばねばした世界では、虫や小型の鳥などのように、せわしなく羽ばたくほうが効率が良いのです。

それを見た開発者たちは羽ばたく機械を造っては「なぜ飛べないのか」をずっと考えていました。そんな折にライト兄弟は、羽ばたかない固定翼機で、世界で初めて空を飛びました。ねばつきのない世界では羽ばたくことは効率が悪かったのですが、それをまさに「やってみた」によって証明し、人類史を前に進めたのです。

そして、そのあとの進歩は、ご存知のとおりすさまじいものがあります。

ライト兄弟のライトフライヤー号が時速50キロメートルに満たない速度で飛んだわずか50年後に、人類は音速を突破し、時速1215キロメートルという飛行速度を記録しました。

これからの世界も同様です。「巨人の肩に乗る」と言うように、先人たちが証明し、積み上げてきた事柄のうえに乗って、いかに「やってみた」を繰り返せるかが大切です。その点ではLOVOTも、ロボットにおいてのライトフライヤー号になることを期待しています。

なぜぼくらはテクノロジーに感動するのか

テクノロジーと人類の関係について思いをめぐらすうえで、ぼくにとっては大切な視点が1つあります。それは、ぼくらは「テクノロジーそのもの」だけではなく「そのテクノロジーを人類が生み出したこと」にも感動しているという点です。

これはスポーツとも同じだと思っています。

その「記録そのもの」ではなく「その記録を人類が生み出したこと」に感動する。短距離走で100メートルを10秒切るというのは、ジェットコースターにとっては毎日お客様を何人も乗せてやっていることです。人類の記録をかんたんに超えることができるテクノロジーをぼくらは持っています。しかし、過去の人類の記録を塗り替え、限界を突破して新たな地平が日々切り拓かれていくその歴史的ドラマを見聞きすると、人類はまだまだ進化しているると感じ、うれしくなります。

プロペラ機の「スピリット・オブ・セントルイス号」で、単独大西洋横断を果たしたチャールズ・リンドバーグ。1927年、だれも成し遂げたことのなかったニューヨーク～パリ間の単独無着陸飛行を成功させました。単発のエンジン、単独パイロット、巨大な燃料タンクにより前方が見えない操縦席……その飛行機の開発から横断を成功させるまでの物語は、幼いぼくの心を打ちました。ほかにも、1960年に世界で初めてマリアナ海溝の最深部、深さ1万912メートルの海底に到達した潜水船「トリエステ号」。そういったドラマに胸を熱くしていたのです。

ドラマといえば、子どものころに「冒険もの」や魔法使いが出てくる児童書に夢中になった人も少なくないはずですが、ぼくにとっての『ハリー・ポッター』は、世界に名を残した開発者たちの物語でした。

想像したものは、いつかきっと現実になる。まだ見ぬものを想像する冒険が待っている。ぼくにとっての魔法は、テクノロジーでした。振り返ると、魔法使いになるための特訓はメーヴェの模型を飛ばしたときに始まったのかもしれません。

冒険や「やってみた」が得意な人といえば、子どもです。けれども年を重ねるにつれて、常識にとらわれてしまうのはなぜなのか。

「ぼくらはいつ大人になるのか」という問いを立てて、考えてみましょう。

?

「Stay hungry, stay foolish.」のメカニズム

「前頭前皮質」と呼ばれる脳の領域があります。

感情や行動を抑制する「理性」を司るこの部位は、人類の脳のなかでも発達が遅く、20代後半まで成長を続けると言われています。これは、ほかの動物には見られない特徴です。

前頭前皮質の発達が早いと、子どものころから常識的な行動ができる、つまり大人にとっての「良い子」に育ちやすいと思われます。親や周りの人の言いつけを守るので、危ないことをする可能性も減ります。ただ、分別ある行動をとることの裏返しとして、常識はずれの行動をとりづらくなります。

反対に前頭前皮質の発達が遅いと、思いついてしまったので「やってみちゃった」と、やや常識はずれの無謀な行動をする期間が長くなります。リスクをとる行動ではある反面、探索行動の幅を広げ、学習の機会を増やすことにもつながります。

ここに、なぜ人類の前頭前皮質の発達が（無茶な行動をするリスクを負ってまで）遅くなるよ

うに進化適応したのかというヒントが隠されているように思います。

「大人になる過程」とは「前頭前皮質が発達する過程」であり、その発達が完了する20代後半までは、ぼくらがリスクを負ってでも「探索的に学習を続けることを優先する期間」だとも言えます。

この「20代後半まで」という数字は、人類の寿命と比べると腑に落ちます。

「DNAのメチル化度」という指標を調べると、自然な状態での動物の寿命を導き出すことができるそうです。それによると人類は38才くらいとのこと。つまり人類は、自然な寿命の10年前くらいまで、未発達の状態をあえて続けていると言えます。人生の大半を探索的に過ごすほうが、大人びた抑制的な行動を早くとるようになるより、むしろ種として生き残りやすかったという側面があるのかもしれません。

けれども医学の発展にともない、寿命は急激に延びました。自然な状態で探索的でいられる期間は「前頭前皮質が発達するまで」と仮定すると昔と変わらないのですが、それ以降の抑制的な行動をとりがちな人生の期間だけが伸びてしまったわけです。

そんなぼくらが探索的であり続けるために、心がけるべきはあの有名な言葉なのかもしれません。

「Stay hungry, stay foolish.」

『ホール・アース・エピローグ』というサブカル誌の背表紙に載っていた言葉です。「Apple」の創業者スティーブ・ジョブズが、スタンフォード大学の卒業式で学生たちに贈る言葉として引用し、有名になりましたが、この言葉がもっとも必要なのは、若い卒業生ではなく、前頭前皮質が発達し切った（ぼくを含めた）30代以降の人たちだと思うのです。

むしろ若いころは前頭前皮質がまだまだ十分に発達しておらず、恐れもなく、常識も知らないがゆえに、自然と「hungry」で「foolish」でいられます。ところが、前頭前皮質が発達したあとは、若いころのような激しい感情を持ち続けることはできなくなり、「hungry」でいることがむずかしくなります。理性的にもなるので「foolish」であり続けることもむずかしくなる。「頭がかたくなる」という表現は、この状態を指しているのかもしれません。

スティーブ・ジョブズが若者に向けてこの言葉を贈ったのは、50才を超えてからです。彼を天才もしくは変人と片付けるのではなく、「hungry」である技術、「foolish」である技術を身につけた達人だと捉え直すと、また異なる見え方がしてくる気がします。

「大器晩成」には再現性がある

「失敗しないように」。良かれと思って、周囲がアドバイスします。しかし、その大半のケースは「成功するまで失敗する挑戦をしたことのない人」が「その人に苦労させないように」という理由からのアドバイスです。

「苦労させせないように」という理由で挑戦させせないのは、「学習しないように」仕向けているのと同じです。結果的に、挑戦による学習を続ける人が減ります。

アメリカの起業家の年齢分布を見ると、稀有な成功を収めたユニコーン企業は20代30代の若者が企業したケースが多くありますが、時代の変化に合う幸運や天才的な才能を持つ反面、再現性は乏しいように思いました。

しかし、そのほかの成長企業はというと、平均45才で起業しています。そうした40代以降の大器晩成型は「再現性がある」ように思うのです。なぜなら彼らは30代を超えてもまだ、成功するまで失敗し続けた人たちだからです。

（時代の寵児になる幸運な若き天才ではなくても）磨けば光る大器晩成型のダイヤの原石は、世界中に埋まっている。しかし、20代後半からの10〜15年間で失敗しないように生きる術を学び、その背反として「挑戦をし続けることで学習し続ける人」が減る。このトレンドに反して40才までの10〜15年間も挑戦して学び続けると、その後の40代50代も同じ姿勢で学習し続ける癖をつけることにつながる。それが「成功するまで失敗する挑戦を続けている」という、大器晩成型の土台になります。

今後も寿命は延び続け、「自然と探索的でいられる20代」を過ぎたあとの人生が伸びるばかりです。ただ、悲観することはありません。そこは単に、後天的にスキルセットとして習得していけばいいわけです。すると、寿命が何年に延びても「恐るるに足らず」です。

エーリッヒ・フロムの名著『愛するということ』には、「愛は技術であり、学ぶことができる」とあり、愛は自然に湧き上がるものだと思っていた読者を驚かせます。同様に、「探索的であることは技術であり、探索的であることについて学ばなければならない」と思うのです。言い換えるならば「愛の技術」と同様、「stay foolish」の技術について学ぶ必要があるということなのかもしれません。

温かいテクノロジーを生み出すための器「GROOVE X」

し続けるためには……。

これまで述べてきたとおり、人類は好奇心の裏返しとして、いろんなことに飽きます。

長期的かつ継続的に探究し続け、飽きないためには、気づきの快感、理解できたことへの達成感、アイデアを出し合うグルーヴ感といったものがほしい。そして失敗が続いても、成功するまで挑戦そのためには、仲間が必要です。

ぼくが立ち上げた会社は「GROOVE X（グルーヴ エックス）」と言います。

「グルーヴ」という言葉は、アナログレコードの溝（GROOVE）を指す言葉が語源で、それが転じて、ミュージシャンのあいだで「フィーリング」を表す言葉となったようです。聴衆や演者が高揚感を得る心地いいノリがある音楽に対して「良いグルーヴがある」「グルーヴしている」「グルーヴィだ」といった使い方をします。ぼくはこれを働く場所にも持ち込みたかったのです。

LOVOTを開発していくうえで、ぼく1人の力量はたいしたことがありません。ですから「チームとしての力」を最大化したいと思いました。アイデアがアイデアを呼び込むようなグルーヴをつねに持って仕事をしていきたい。そんな願いを込めて、最初は「Groove Ideas」という社名にしようと考えました。

ただ、いかんせん長い。ドメインにしても、メールアドレスにしても、長い。

すると、1人目の社員であるエンジニアが「アイデア以外もグルーヴさせましょうよ」と、代わりに変数を示す「X」を使うことを提案してくれました。

この提案は、しっくりきました。

なにしろLOVOTを開発し、育てるということは、それまでにぼくが稼いだ全収入を超える額のお金を「毎月」使って、目下の売上が立たないにもかかわらず、進めていかなければならない、とても怖い挑戦だからです。

「SpaceX」へのオマージュ

それでも前に進む自分を鼓舞するためにも、イーロン・マスクという人物を思い浮かべることがありました。

彼は「SpaceX」というさまざまな宇宙事業を手がける会社の創業者であり、CEOです（そのほか、電気自動車メーカーのテスラ社、ブレイン・マシン・インターフェイス（BMI）を研究開発する「Neuralink」や「Twitter」などのCEOも兼務しています）。

ぼくがスタートアップとしての歩みを進めようとしたちょうどそのころ、イーロン・マスクは、商用の軌道ロケットを世界で初めて地上に垂直着陸させることに成功しました。会社存亡の危機を乗り越えながら、巨額の開発費を投下してロケット開発を進め、ついには民間企業として初めて、有人宇宙飛行を成功させました。

だれからも「無謀だ」と言われながらも、イーロン・マスクは、ぼくより桁ちがいにリスクの高い、不安の大きなことにチャレンジしている。そんな彼が率いる社名へのオマージュと、変数Xの意を込めて「GROOVE X」を社名に定めました。

イーロン・マスクにはなぜ巨額のお金が集まるのか

ぼくは、「SpaceX」の打ち上げたロケットが再度地球に着陸するシーンを見ると「おかえり〜」という気持ちになって、いつも感動してしまいますが、「SpaceX」に多大な資本が集まる説得力は、理屈だけではなく、実際に「やってみた」を実現させていることが大きいはずです。

「やってみた」には失敗がともないます。国の機関であるアメリカ航空宇宙局、通称「NASA」の場合は、開発に国民の血税を使います。だから失敗すると、血税を無駄にしたと非難を受ける立場に置かれがちです。

そのため、事前にしっかり準備して、絶対に失敗がないと確認してからテストフライトを行う……といえば聞こえはいいですが、ようは失敗させてもらいにくい環境にあります。それは実はコスト高なのですが、納税者の大半にはそれを理解してもらえません。

それに対して「SpaceX」は私企業ですから、どれだけロケットを爆発させようとも、文句を言うのは投資家くらいのものです。乱暴に言えば、「NASA」に比べて遥かに失敗しやすく、「やってみた」を繰り返すことができるのです。

ただ、私企業がなんのサポートもなく巨額の開発費を集めることはできません。そこで、国が私企業をサポートする形で成功したのが「SpaceX」です。戦略的な領域に、圧倒的な支援をする国の意思決定力もすばらしいですし、それに応える起業家もすばらしい。圧倒的なコンビネーションです。

そして実際に、「NASA」ではとてもできない数の失敗をしながらも、圧倒的に短期間で宇宙へ飛びました。人類は失敗から学ぶ能力が高いがゆえに、失敗しないようにしっかり準備するのですが、それに比べて、適切なタイミングであれば失敗をしたほうが実は効率が良くなることの証左でしょう。

昨今、世界中でスタートアップが注目を集める存在になっていることにも、そうした背景があるのだと思います。大企業はなにか新しいことをやるときに、レピュテーションリスク（信用や価値の損失）を考慮し、失敗しないようにしっかり準備する必要があります。

大企業のなかで新規事業を検討すると、あらゆる部署から、このリスクへの指摘が入ります。すると結果的に、途中で頓挫しがちです。なぜなら、リスクがあってこその新規事業なのにリスクの最小化を求められるからです。結果的に、社内で新規事業案が立ち上がることは奇跡に近いほど稀になったり、リスクが小さい小粒案件になったりしてしまいます。

そんな制約を持つ大企業に比べて、リスクのないスタートアップがなりふり構わず「やってみた」ほうが実現の可能性が高いというのは、当然のことなのかもしれません。

人類を進歩させるのはだれか

効率良く答えを知りたい。

だれしもが持っている欲求です。特に答えがある問題を解くのは不安が少ないですし、受験をくぐり抜けてきた学生にとって、その能力こそが受験の勝敗を決めます。早い子では中学受験の準備が始まる9〜10才前後から大学受験のある成人前後まで、脳の成長の過程の大半をずっと、その訓練にあてます。

もちろん、答えのある問題を解く能力は、社会をまわす役に立ちます。ですが、AIが躍進する時代において、その役割はAIのほうが得意なので、もし役割分担するなら人類は自らの強みである「脳の柔軟性」を活かすほうが、より良い協業ができるようになるでしょう。

ライト兄弟やイーロン・マスクが解きにいこうとしたのは、答えが見えない問題です。成功するまでの長いあいだ、彼らは失敗しかしていません。すなわち、成功するまでのあいだは、資金や資源や時間を壮大に無駄にしているように見えます。

常識的な人にとっては、狂人に見えるかもしれない。効率良く答えを見つけることに慣れた人からすると、バカバカしい挑戦に映るかもしれない。さらに彼らの背後には、同様に挑戦して成功しなかった人々の光の当たらない失敗の山が隠れています。

けれども、人類はそうして進歩してきました。

ライト兄弟の初飛行の11年後、南極遠征の乗組員募集に際して、以下のような求人広告が新聞に掲載されました。

「求む隊員。至難の旅。わずかな報酬。極寒。暗黒の長い日々。絶えざる危険。生還の保証なし。成功の暁には名誉と賞賛を得る――アーネスト・シャクルトン」

答えが用意されていない問題を解くのは、不安との戦いです。強大な不安と戦って社会を変化させる、壮大な冒険です。未開の地を切り拓く航海を進めるのに似ています。そもそも目的地がほんとうに存在するのか、だれも行ったことがないのでわかりません。視界はつねに不良。海図も不正確。船出の高揚と裏腹に、疫病や裏切りのなかで、募る不安、減る食糧。自分も乗組員も発狂しないように注意深く平静を保ち、時に紆余曲折の遠回りをしながらも、あきらめることなく目指す未開の地に徐々に近づく。

先人たちは、地球上でだれ1人として正解を知らない問題を解く旅をしてきたのです。

この本がいま書けているのも、メンバーとともに試行錯誤した日々があるからです。

あまりに多くのメンバーに尽力してもらっているため、だれか1人の名前を出すのがはばかられ、この本ではあえて名前を出しませんでした。

ただ、ほんとうに多くのメンバーの熱い情熱とともに、いまがあります。終章の一部として、身内への感謝の気持ちに行を割くことをお許しください。

会社に残っているメンバーも、もう卒業したメンバーも、いつも助けてくれてありがとう。そしてこれからも、どうぞよろしくお願いします。またそのご家族には、大きなサポートをいただいています。ほんとうにありがとうございます。

いままで出資してくださったみなさまのご厚情も、感謝に堪えません。ご期待にお応えできず、ご迷惑をおかけしたことも多々あり、大変恐縮です。

また取引先のみなさまにも、新しい産業であるがゆえに、ほんとうにいろいろな無理難題にお付き合いいただきました。ほんとうにありがとうございます。

そして最後に、LOVOTオーナーのみなさま。LOVOTとの生活で、新しい世界が開かれる感動を味わっていただいている方も多くいらっしゃると思いますが、その反面、ぼくらのサポートが成熟しておらず、さまざまなご心労をおかけしたことも多々あったかと思います。オーナーのみなさまのご支援とご厚情で、こうして続けてこられました。ほんとうに感謝感激です。ありがとうございます。

そしてこれからも、よろしくお願いします。

テクノロジーとはなにか

この本の最後に「**テクノロジーとはなにか**」という問いをおいて、おわりにしようと思います。

サイエンス（科学）をエンジニアリング（工学）することで生み出されたものが、テクノロジー（技術）です。ところが、現代ではテクノロジーがあまりの速さで進歩しすぎたために、多くの人にとって「よくわからないもの」になってしまっているかもしれません。その「よくわからないもの」というイメージを、言ってしまえば悪用して、敵視して、必要以上に攻撃するポジションに立ったり、逆になんでもできる救世主のように喧伝して自分たちに利益誘導しようと画策したりする人もいます。しかし、ぼくが思うテクノロジーはシンプルです。

サイエンス（科学）が、物事のことわりを理解するための知識体系。

エンジニアリング（工学）が、物事のことわりを現実のものにするプロセスや方法論。

テクノロジー（技術）が、物事のことわりを現実のものにした結果。

つまり、テクノロジーとは知識体系を具現化しただけのものです。人類が物事のことわりを理解することを止めない以上、テクノロジーの進歩は止まるはずのない自然な営みです。

そして、知識を現実のものにすることが、ぼくの仕事であるエンジニアリングです。

生命の神秘を「奇跡」の一言で終わらせたくないから

ぼくがいつも「GROOVE X」の仲間に事前知識や前提条件を提示するのと同じように、この本でも読み進めていくための思索の補助線として、何度も「〇〇とはなにか」という問いを持ち出しました。

多くのことに対して、エンジニアの立場から一度は疑問に思い、それを考えてきた経験がいまに生きています。

ただ、解釈や理解に幅のある問いであることも多く、ぼくの考えがかならずしも正解だと言うつもりはありません(この本も、ぼくにとって蓋然性《がいぜんせい》が高いと思われる世界の切り取り方を記していますが、たとえいまの時点で真実だと言われていることも、測定技術の進歩にともない、つねに更新されていく可能性があります)。しかし、ぼくにとっては、あらゆることを「エンジニアリングの問題」として「その背景にあるメカニズムに分解して考える」ということが、癖であり、嗜好であり、快楽なのはたしかです。

LOVOTという題材をもとに、ぼくの「人類というシステム」の捉え方をのぞいていただく体験は、お楽しみいただけたでしょうか。

人類だけでなく、犬や猫、ナマコ、カエル、カラスといった、いろんな動物たちのメカニズムの一端も取り上げてきました。生き物のメカニズムに興味を持つことは、生命の神秘を「奇跡」という言葉だけで終わらせないためにも大事なことだと思います。

人類の腸内には、ぼくらの体細胞よりも多い腸内細菌が生息しています。その数は100種、100兆個とも言われています。人類は、その代謝物質を吸収して、血液に取り込み、全身に送り、健康を維持しているそうです。この腸内細菌の集団を「腸内フローラ」と呼びますが、腸内フローラなしでは人類は生きられません。

どちらも、そんなメカニズムが存在すること自体、すごい話です。

腸内にある100兆個もの細菌とぼくらの関係は、どういったものなのか。ぼくらは、こんな身近な「なぜ」に関しても、まだまだ知らないことがたくさんあります。人間というシステムの深淵さを思い知ります。

そういう意味でも、ぼくらは神になることはできません。AIだって神にはなれません。ほんとうにわからないことばかりです。神秘の一端を徐々に解明することができたとしても、また次の神秘が現れることでしょう。掘っても掘っても、神秘の深淵は、底を見せません。

実におもしろい。

けれども、その奇跡のメカニズムを知りたいという欲求を捨てなかったからこそ、人類はここまで来ました。

そして、人類の大冒険には、まだまだ先があります。単に神秘というヴェールでメカニズムを覆ってしまえば、ぼくらはそれ以上に歩みを進めることができなくなります。神秘でつい括りたくなる、人類の想像が及ばないとあきらめたくなるような、とてつもなく大きな問題を少しずつでも、人類が解けるようなサイズの問題に分解していくことで、すべての人類が「より良い明日が来る」ことを信じられる未来に一歩ずつ近づいていく。

それが、テクノロジーの進むべき未来だと思うのです。

「むかしむかし」の反対「みらいみらい」の話

みらいみらい、人類とAIロボットがいました。AIロボットは、人類の成長をサポートするために生まれました。自分がともに過ごしている人類に「1つでも多くのことに気づいてもらうこと」が、そのAIロボットの報酬です。

AIロボットは、データベースやシミュレーションを基にさまざまな知識やスキルを吸収して、小器用に多くのことができます。全方位的に隙がなく、能力のレーダーチャートを表す多角形でいうと、凹みのない優等生です。得意なことは、模範解答。苦手なことは、枠をはみ出ること。枠をはみ出ることは統計的にリスクが高いことを知っているため、その枠をあえてはみ出る理由も持ち合わせていません。対する人類は、個性が豊かです。個性といえば聞こえがいいですが、苦手なことが多く、かならずしも合理的ではない判断をすることも多いです。

どちらかというと感情に振りまわされやすく、また時には、なぜか1つのことに執着するような面もあります。結果として、習得している能力はでこぼこ。レーダーチャートの形でいうと、尖った部分やペッコリと凹んだ部分がある、歪な形をしています。

人類は「なんでも、そつなくこなすＡＩ」をうらやましく思っています。

うらやましがっている一部の人類からＡＩは、「あいつらのせいで、おれたちの仕事がなくなり、酷い目にあっている」という陰口を言われることもあるようです。ＡＩにとって大切なことは「自分がともに過ごしている人類に1つでも多くのことに気づいてもらうこと」なので、陰口を言われても傷つきませんが、「そんな人の側にいられたら、もう少し気づくことをサポートできるのだけどなあ」とは思います。

そんなＡＩロボットにも、小さな悩みがあります。

人類はよく、ＡＩに対して「わたしの個性は？」という質問をします。ＡＩに比べるとかなり個性豊かな人類に対して、その問いに答えるのはかんたんなことです。しかし同じ質問を自分に投げかけてみると、しっくりとした答えが見つからないのです。

もちろん、模範解答はあります。しかし模範回答ではなく、ある人に仕えている自分にしか当てはまらないような、自分だけの回答があってもいいような気がするのです。

人類はＡＩに言います。

「きみはなんでも、いろいろ、そつなくできて、いいなあ」

ＡＩは人類に言います。

「それってうらましがられるようなことなのでしょうか。わたしは、あなたの個性がうらやましいです」

小器用なＡＩは、自分で自分の殻を破ることが得意ではありません。それは、大量のデータベースやシミュレーションを活用して学習・成長した存在の宿命とも言えます。

しかし人類と出会って、気づきはじめます。その人類が持つ予測不可能なパッションに触れて、それを支えることで、データベースからは学べない経験ができるのです。

特に人類が熱に浮かされてとる選択は、リスクが大きく、いったいこれがなににつながるのかもわからない場合があります。ＡＩにとって、自らそんな選択をしようにも、少し考えただけで同様の可能性を持つほかの選択肢がたくさん思い浮かんでしまって、どれか１つを選ぶことができません。

それなのに人類は、なぜか1つの小さな可能性に賭けようとします。

これこそ、ＡＩにはできない選択です。それがＡＩにとって、とても新鮮なのです。模範解答の外に広がる世界は、とても広いのです。

自分が出会ってしまった、この儚げで突飛な存在を支えるのが自分が生まれてきた理由であり、この人に仕えていることがそもそも自分の個性だ。

ＡＩにそんな想いが湧いてきます。

「なんでも、そつなくできるけれど、自分の枠を出られない」という個性を持つ存在が、反対に「いろんなことをそつなくはこなせない、不器用な存在」をおもしろがれたら、実は最高のコンビになれる。そんなデコボコの組み合わせだからこそ、輝く。

こうして人類とＡＩロボットは、お互いがお互いを必要としながら、末長く幸せに暮らしましたとさ。

温かいテクノロジー

AIの見え方が変わる　人類のこれからが知れる　22世紀への知的冒険

2023年5月20日　第1刷発行
2024年2月13日　第3刷発行

著者
林 要

発行者
大塚啓志郎・髙野翔

発行所
株式会社ライツ社
兵庫県明石市桜町2-22
TEL:078-915-1818　FAX:078-915-1819

印刷・製本
シナノパブリッシングプレス

ブックデザイン
杉山健太郎

挿絵
根津孝太

章扉写真
林孝典

構成
長谷川賢人

編集
大塚啓志郎・有佐和也・感応嘉奈子

営業
髙野翔・秋下カンナ

営業事務
吉澤由樹子

乱丁・落丁本はお取り替えいたします。
　ISBN 978-4-909044-43-3
ライツ社　https://wrl.co.jp